ERGO-SCIENCES:
From Cosmosphere to Biosphere
Setsuo Ichimaru

エネルギーの科学

宇宙圏から生物圏へ

一丸節夫

東京大学出版会

▲口絵 1-1：オリオン星雲モザイク
ライス大学オデル博士提供

◀口絵 1-2：同拡大　NASA提供

Ergo-Scienses:
From Cosmosphere to Biosphere

Setsuo ICHIMARU

University of Tokyo Press, 2012
ISBN978-4-13-063356-7

口絵2：かに星雲のHubble宇宙望遠鏡像（矢印の先はパルサー）▶

▲口絵3：かに星雲のChandra X線像

NASA提供

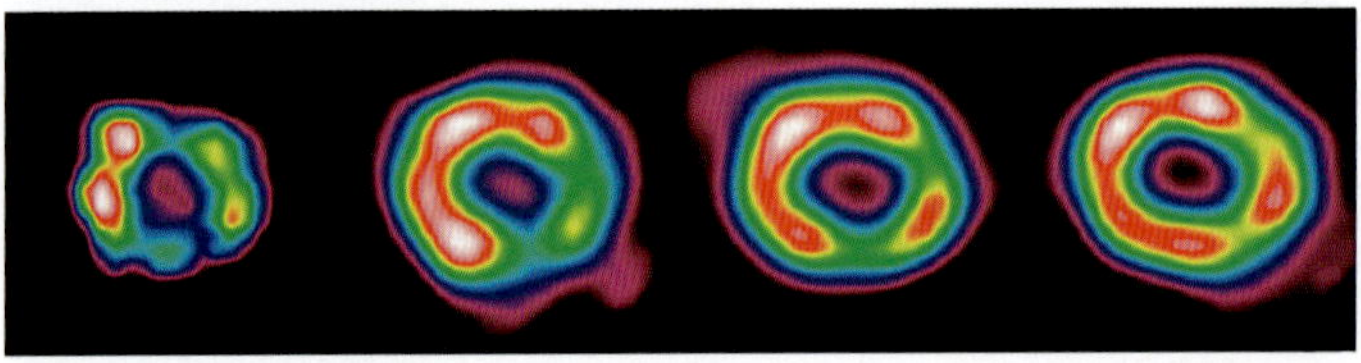

口絵4：SN1987Aの膨張
左から：2000年1月，2002年12月，2005年8月，2008年10月の像
M. Santos-Lleo *et al.*, *Nature*, vol.462, 997-1004(2009)

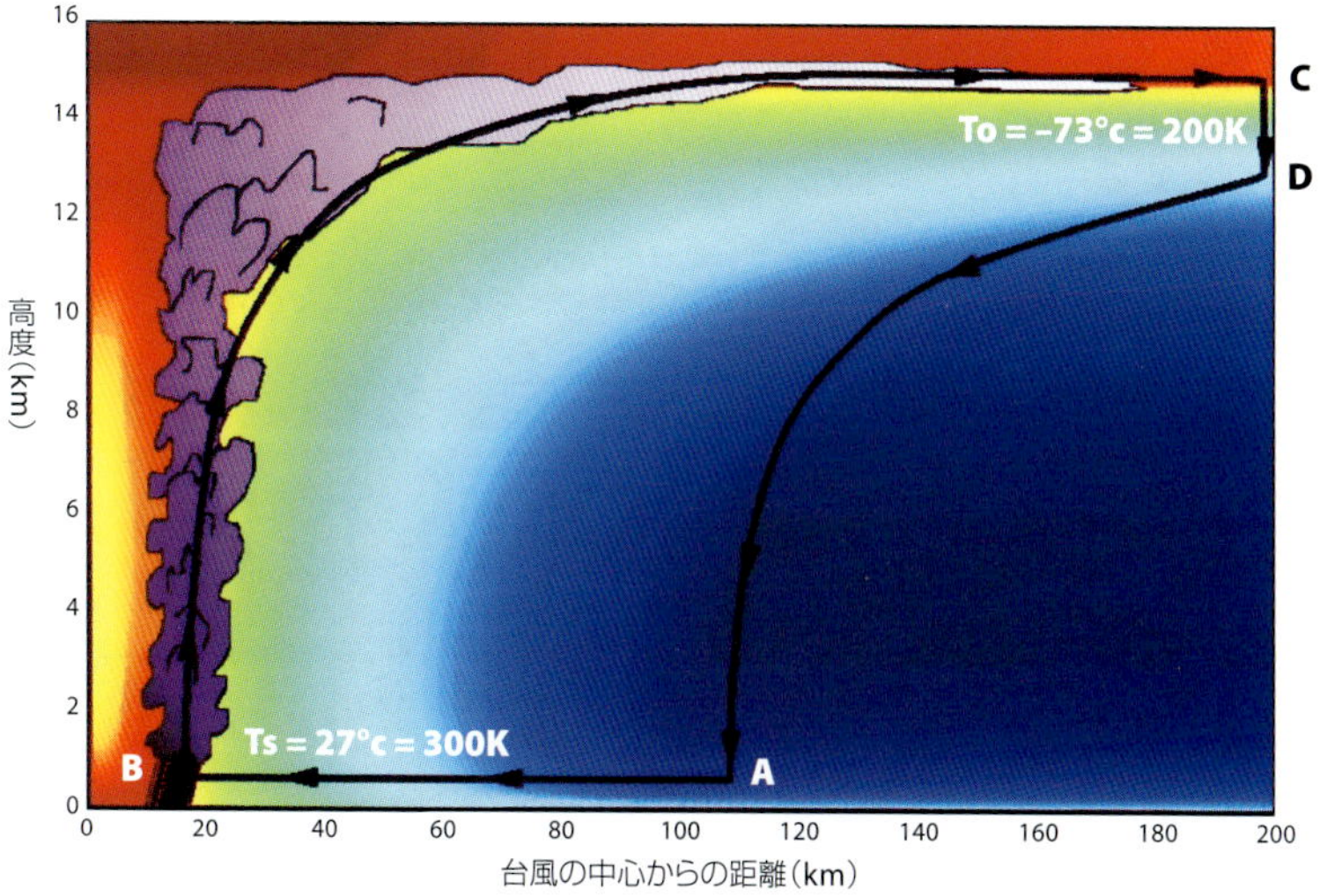

口絵5：蒸気機関との類似性を示唆する台風の断面図
海面温度は300 K，上空の温度は200 Kと仮定
高エントロピー領域は赤，低エントロピー領域は青で表す

K. Emanuel, *Physics Today*, 74(August 2006)

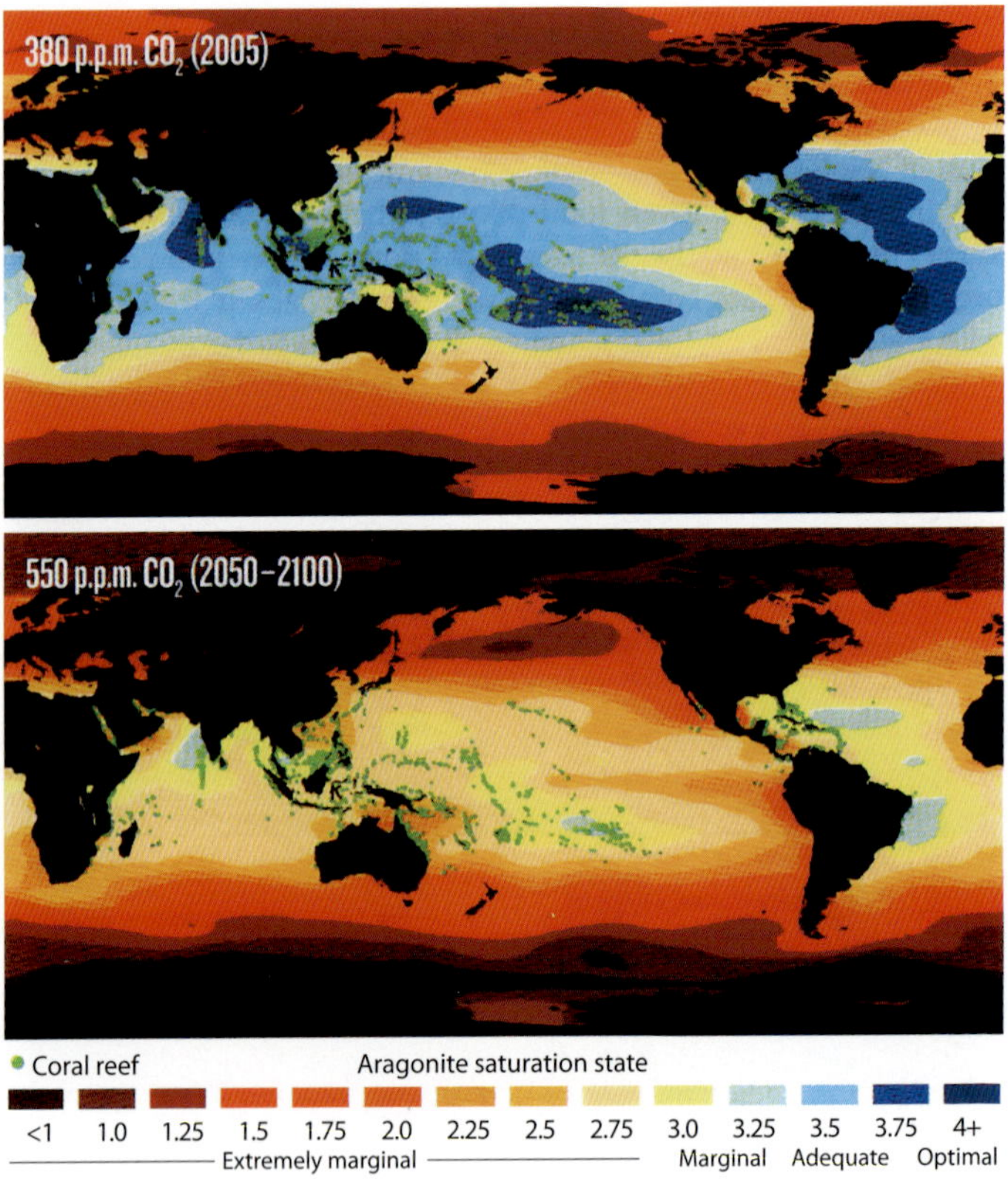

口絵6：大気中CO_2濃度がサンゴ礁の生存におよぼす影響を図示（本文参照）

L. Cao and K. Calderia, *Geophys. Res. Lett.*, vol.35, L19609(2008)

まえがき

「宇宙から見れば、人類の滅亡は小さな惑星にできた化学物質の泡が消えるだけのこと。でも、その孫たちに未来があるかどうか、私は憂う」——宇宙物理学者スティーブン・ホーキングが、しばらく前にこう語った。

地球上や、太陽系外で見つかるかもしれぬ類似の厳しい条件を満たす惑星上の生物圏の問題は、宇宙物理学における重要課題の一つである。

本書は、宇宙圏の多彩な自然現象から地球環境やその生物圏への諸問題を、エネルギー科学の観点から論考する。

米国コロラド州アスペンの夜、ロッキー高地の澄んだ大気を通し、降るように星が輝く。この満天の星空の下に立つと、古代ギリシャの哲人アリストテレスのように、広大な宇宙の来し方行く末に思いを馳せたくなる。

二〇〇一年七月一八日午後八時、アスペン物理学センター主催の一般講演、講師はカリフォルニア大学ローレンスバークレー国立研究所のサウル・パールムター博士、演題はこの星降る夜にふさわしく「超新星・ダークエネルギー・加速する宇宙――その次は？」であった。

　パールムターをリーダーとする超新星宇宙論グループは、南米チリの高原にある天文台で、百億光年の彼方の超新星を観測していた。その目的は、ビッグバンにはじまる宇宙の進化と変成のさまを明らかにすることである。それまでの観測データを精査し、その時すでに知られていた宇宙膨張係数（ハッブル定数）と組み合わせた結果、一九九八年一月「宇宙の膨張は加速しつつある」と発表した。そして、そのように膨張が加速する宇宙には、万有引力に反し、互いに斥けあうはたらきを仲だちする、未知の新しい成分〈ダークエネルギー〉がどうしても必要となることがわかった。

　スウェーデンの王立アカデミーは二〇一一年ノーベル物理学賞をパールムターら三氏に授与した。授賞理由は「遠距離の超新星観測を通じた宇宙の膨張加速の発見」――まさに前記の演題そのものであった。

　〈宇宙圏〉の全エネルギーのうち、そのダークエネルギーが約七三パーセント、引力をつかさどる〈ダークマター〉が約二二パーセントを占めると推計されている。それに対し、光や電波さらにはX線やγ線など電磁波族と、光などでわれわれが認知できる水素やヘリウムなど元素物質のエネルギーは、残りのわずか五パーセントほどにすぎない。光とまじわらぬダークエネルギーとダークマターの本性はいまだ明らかではなく、その解明は宇宙物理学の最重要課題となっている。

光などとまじわる元素物質が宇宙でくり広げるさまざまな天体現象も、天体核物理学やプラズマ物理学の重要な探究課題である。

一九六七年の一二月、英国ケンブリッジ大学の電波望遠鏡による〈パルサー〉の発見がその端緒を開いた。そして、それを契機に〈かに星雲〉など超新星のはたらきが解明され、きわめて強い磁気を帯びた〈中性子星〉の存在がはじめて実測で確認された。

X線天文学は、X線観測衛星の目で宇宙圏を探ろうとする研究分野だ。一九七一年、ケンタウルス座やヘルクレス座に太陽の千倍以上の放射強度をもつ〈X線パルサー〉が発見された。その放射の源は、中性子星と連星を組む恒星の大気（プラズマ）が中性子星の表面に降着する際に解放される膨大な重力エネルギーであることが明らかになった。

同じ一九七一年、白鳥座に見いだされたX線天体が〈ブラックホール〉とはじめて認定された。ブラックホールには一般相対性理論で導かれる特異な重力の強さを示す半径が定まり、この半径より内側からは、過大な重力場の作用で、光といえども逃げ出せぬといわれている。観測されたX線放射の特徴から、その半径付近に降着する超高温プラズマからの放射が引き起こす熱的な不安定性が論じられた。

宇宙圏には、太陽の百万倍から十億倍におよぶ巨大な質量をもつブラックホールが存在する。たとえば、わが太陽系が属する天の川銀河の中心部には、太陽の四百万倍の質量をもつブラックホールが宿ることが知られている。数十億光年の彼方で、そのように巨大なブラックホールが、太陽ほどの恒星を件の特異半径付近に引きつけ、重力の〝石臼〟作用で恒星を粉々にすり潰し、残渣のプラズマを自らの重力圏に引き込み、これまでにない甚大な強度のγ線を放出する――こんなことを示唆する観測データが得られている。

謎の素粒子〈ニュートリノ〉は宇宙に無数に存在する。その数は、光やX線など電磁場を量子化して〝粒子〟としてとらえた光子の数に次ぎ、宇宙第二位といわれる。ニュートリノの質量は微小だ。で、その値がいかほどかは、ダークマターの候補として、宇宙論でも興味津々である。それに、ニュートリノは核反応から生まれるので、太陽や超新星における核反応の指標ともなる。

一三七億年前、宇宙はその幕開けビッグバンから数マイクロ秒（百万分の数秒）の間、超高密・極微細な素粒子の火の玉状態にあり、クォーク物質を形づくったといわれる。そして、クォーク物質から原子核物質がつくり出され、水素→ヘリウム→炭素、窒素、酸素→……といった核融合反応が進み、さまざまな元素がつくり出され、光合成を通じて炭素の連鎖を骨格とするアミノ酸類からタンパク質、さらにはＤＮＡ分子など生体高分子の合成に至り、ついには〈生命体〉が誕生したと考えられている。

地球は、四六億年ほど前、太陽系の一員として生まれたが、初期の五億年間ほどは、表面がつねに小惑星の爆撃に曝され、生命などが発生できる状況にはなかったといわれる。しかし、その後の数億年で、太陽光エネルギーや化学エネルギーの助けをかりて、バクテリアなど初期の生物が誕生した。そのように誕生した生物は、試行錯誤、突然変異、自然淘汰、最適者の生き残りなど、環境との順応過程を経て進化し、地球上に〈生物圏〉をつくり上げた。

生物圏とは、植物類と岩石、菌類と土壌、動物類と海洋、微生物類と大気が、互いに影響を及ぼし合い、絡み合い、織りなし合った大系であり、人類をふくむ地球上の生物の生育環境を形成している。その中で〈生物多様性〉とその保全が、地球環境における喫緊の課題として浮かび上がっている。事実、生物圏は、科学の立場からみて、地球上でもっとも複雑なエネルギーシステムといえる。

生命創成のドラマには、その地球環境を形成する、空気（大気）、水（海洋）、それに岩石（地殻）のそれぞれが枢要な主役をつとめる。そして、人類の分化にいたる生物圏の進化・熟成を支えるためには、過去数十億年にわたり、きわめて厳しい条件の地球環境の維持・保全が不可欠であった。

いま地球上の人口は七十億人に上る。その人類が尊厳ある生活を維持するには、生物圏に相当な負荷を強いることは不可避のようだ。が、生活の尊厳を維持するために、修復不能にまで大規模に生物圏の機能と環境を破壊せねばならぬとは論定されていない。

〈人智圏〉とは、生物圏の発展形態で、人間文明により進化変遷する地球生態環境をいう。旧ソ連の科学者ヴラディミル・ヴェルナツキーは、その人智圏が形をとりはじめるにつれて、地表の大気や水系、さらには生物系も、物理的・化学的・気象的・生態系的に変化をうけることを認め、それと表裏一体の関係で、人智圏の維持が人間の双肩に重い責任を負わせることも認識していた。そして人間にはその重責を果たすだけの能力があると彼は信じていた。

今世紀人類の命運にも関わる重要課題は「再生可能なかたちでエネルギーの需給を計る」と、温室効果ガスの蓄積による「地球温暖化を阻止する」である。

物理学の見地からこれら問題の解決を図ろうと、アスペンエネルギーフォーラムが二〇〇六年に開かれた。そこでは、近未来のエネルギー技術、物理屋のためのエネルギーと環境問題、太陽光と風力エネルギー、バイオマス、核融合、さらにエネルギーの需給面での諸問題などが論じられた。

本書の原典は、二〇〇〇年の暮にはじめた散文シリーズである。そこでは、「自分の頭で考え、自らの責任で判断し、それを内からなる言葉で話す」をモットーに、科学関係のみならず、教育、社会、芸能、音楽、スポーツなどの題材に筆を進めてきた。あれから十一年あまり、二〇一二年の五月までに六百三十数回を、さまざまな分野の知友に、メールや不定期刊行物の形で配信することができた。

このたびその中から、科学の基礎と応用に関わる八十数回を選び、全面的に加筆・補正し、三部九章からなる本書を編んだ。この本を通じて、エネルギー科学の最前線を解き明かし、内包する課題を解きほぐし、現代の文化としての科学のおもしろさを伝えたいと思ったからである。

本書の各章で取り扱われる課題のすべてが、科学上未解明の問題をふくんでいる。そのような問題を考える際には、固定観念にとらわれず、自由な発想を心掛けることが、学徒の心得といわれる。自由なアプローチにいたる妙法は、手前味噌ながら、やはり――自分の頭で考え、自らの責任で判断し、内からなる言葉で話す――のようだ。本書に採択された各々の節は、このモットーにそって書き下ろされ、それぞれがほぼ独立の、しかも前後と脈絡のとれた読物となっている。

この本が、その意味で、大学教養レベルの一般科学書として、文系理系の読者に、〈爽やかな活力〉と〈学びの楽しさ〉を伝える縁となれば、著者としてこれに過ぎるよろこびはない。

目次

II　エネルギーと地球環境　103

I　宇宙の探究

この部では、宇宙圏の多彩な自然現象をたずね、それらを駆動するエネルギーの源、さらには、それらが進化・変成・発展する際のエネルギーの流れについて考究する。

1　ダークエネルギー――観測に基づく宇宙論

愛と憎しみの相克する宇宙

「宇宙論のことならおもしろい」――宮澤賢治ならあるいはこう切り出したかもしれぬ。われわれの宇宙は一三七億年前のビッグバンにはじまる。以来その構造がどのように進化してきたかを探究する宇宙論に、ここ数年来興味深い展開がみられるからだ。

「宇宙から見れば、人類の滅亡は小さな惑星にできた化学物質の泡が消えるだけのこと。でも、その孫たちに未来があるかどうか、私は憂う」——宇宙物理学者スティーブン・ホーキングが、しばらく前にこう語った。

その「小さな惑星にできた化学物質の泡」がまだ消えていない紀元前五世紀、ギリシャの哲学者エンペドクレスは、宇宙は不生不滅不変の四つの元素——火・空気・水・土——からなり、これに〈愛〉と〈憎〉の二つの力がはたらき、その作用で結合分離するのが万物の生成消滅にほかならぬという宇宙論を提唱した。

いまのことばに置き換えると、空気は気体、水は液体、土は固体の総称と解釈できる。火は多少ややこしいが、エネルギーのある形態、もうすこし詳しくは、電波・光・X線など電磁波族のもつエネルギーと受けとることができる。

〈愛〉はもちろん引き合う力、ご存知万有引力のことだ。二つの物体は離れていても互いに引き合う。リンゴが木から落ちるのを見てニュートンが発見したといわれているあれだ。

〈愛〉のはたらきをさらに探るため、いま仮に宇宙が万有引力のみで統治されているとし、その中での私たちの地球と太陽との関係から考えてみる。それらは互いに引き合っているのだから、古代中国の杞の国の人でなくても、地球が太陽に落ちるのでは！　と、まず憂いたくなる。

ところが、その心配はご無用！　と、ニュートンは教えてくれる。地球は太陽の周りを回っており、その運動のはずみから生ずる遠心力が万有引力とつり合うので、地球は太陽に落ちないとのことだ。

でもこの周回運動は未来永劫続くのだろうか？　次に心配になる。

「いつまでも動き続ける、いわゆる永久機関はあり得ない」と習ったことがある。流れ星などは岩石など宇宙のゴミが地球の大気圏にとびこんで燃え尽きる現象であるが、それは地球の運動を押しとどめる摩擦力としてはたらく。その結果、運動のエネルギーがゆっくりと失われ、地球は太陽に引き寄せられそうだ。

それに、ゴミのない真空中でさえ、宇宙の時間スケールでは、天体にはたらく万有引力の強さや向きが運動により時々刻々変化すると、それに応じた割合で天体の運動エネルギーがある種の波のエネルギーに変換されて空間に失われる。万有引力のことを重力ともいうので、この波は重力波とよばれる。

その重力波とは何かを理解するには、私たちおなじみの電波や光など電磁波のことを思い出せばよい。電磁波は、電磁力の変動により発生する、電場や磁場が時空を振動しながら伝搬する現象である。これと同じように、重力の変動により発生する、重力場が時空を振動しながら伝搬する現象が重力波である。

つまるところ、〈愛〉の宇宙ではその構成要素（＝質量）が互いに引き合い、ついには全体がグシャッと一体化し崩壊する運命のようだ。

残念ながら——愛のみではこの世はうまくいかぬ——ということらしい。

では〈憎〉は？　これがおもしろい。

愛と憎しみの葛藤で万物が流転するという趣向は、ほぼ同年輩のソフォクレスが綴る数々の悲劇に通ずる、エンペドクレスのすごい発想だ。

オイデプス王の娘アンティゴネーは、後を継いだ王クレオンの前に引き立てられ、死を目前にして敢然と逆らって叫ぶ。「いえ、けして、私は、憎しみあうためにではなく、愛しあうように生れついたのですわ」〔『アンティゴネー』五二三行、呉茂一訳〕

しかしこの〈憎〉がまた難しい。

憎しみの力は万有引力を打ち消し互いに斥けあうはたらきを意味するが、私たちはそんな力をまだ知らないからだ。

エ！　ホント？　ホントに知らないの？

「愛と憎しみの宇宙」のドラマはさらにつづく。

第五元素――ダークエネルギーのはたらき

「宇宙は膨張している！」――一九二九年、アメリカの天文学者ハッブルが、きわめて遠方にある星雲などを観測して、こう言い出した。

しかもその膨らむ速さが徐々に速くなりつつあることもわかった。これらの振舞いは、万物が互いに引きつけ合う「愛のみの宇宙」という仮説とは相容れぬもののようだ。

ここ数年の間に、灼熱のビッグバンの名残とみられる宇宙背景放射のゆらぎや、はるか彼方の超新星の輝きの分布や色合いなど、宇宙論の展開と直接結びつく新しい観測事実が明らかになった。そしてそれらを綜合すると、宇宙には万物が互いに斥けあう〈憎〉に対応する新規の成分がどうしても必要なようだ。

しかもヤワな量ではない。

ある人の推算によると、この〈憎〉がなんと宇宙の全エネルギーの七三パーセントほどを占めるというんだ。なんとなくブルーな気分になるではないか。

この新しい要素に新しい名前がつけられた。“quintessence”という。辞書をひくと「精、真髄」ともあるが、この場合はエンペドクレスの四元説と対照して「第五元素」がよい。音楽の五重奏を“quintet”というように、“quint”は「五」なのだ。

第五元素はことのほか奇抜な性質の持主のようだ。たとえば、互いに斥けあうはたらきを媒介するためには、第五元素のもつ圧力は負なるべし――といわれる。

負の圧力とはじつに奇妙なことだ。物理学の教科書は「平衡状態では圧力はつねに正」という。また『広辞苑』を引くと、圧力は「物体内の二つの部分が面の両側で垂直におしあう力」とある。だから、第五元素の圧力が負ということは、まず「宇宙が平衡状態にない」、つまり「非定常な状態にある」ことを意味する。

さらに負の圧力は、宇宙内の「二つの部分が面の両側で（おしあう力ではなく）引きちぎりあう力――憎しみの力」を及ぼし、非定常な膨張を加速する。

私たちがこれまで経験したこともないこの新奇な特質は、宇宙開びゃくにあたるビッグバンでの超高密・極微細な素粒子の火の玉が示す量子論的混沌でしか実現できそうにない。

そのように考えると、第五元素もまたビッグバンの遺跡のようにも思える。

でも「なぜそうか?」ときかれても説明に困る。筆者にもまだよくわからないからだ。

第五元素はいまではよりひろく〈ダークエネルギー〉とよばれている。気体・液体・固体といった普通の物質や、光など電磁放射のエネルギーの他に、〈ダークマター〉というすごい役者も宇宙論のドラマには登場する。

なぜダーク(=暗黒)かっていうと、光とつき合いたがらないからだ。

ダークエネルギーの実体を、既知の科学法則を用いて、誰しもが納得する形で説明できる人はまだいない。その投げかける問題は、〝物理学者ののどにささったとげ〟のようなものだと表白する人もいるくらいだ。

「宇宙論はやはりおもしろそうだ」

世紀の過ち?——アインシュタインの宇宙定数

「俺は生涯最大のポカをした」——現代宇宙論の創始者アインシュタインは悔やんだ。

宇宙論の基礎となる彼の一般相対性理論は、物質とエネルギーで代表される宇宙の構成要素がどのように変態し発展するかを記述する方程式からなり、特別の場合としてニュートンの万有引力の法則などもふくんでいる。

アインシュタインや、それ以前のニュートンのような天才も、私たちと同じように「悠久の宇宙」、いいかえると「宇宙のサイズは不変である」と、直感的に信じていた。ところがこの一般相対性理論の方程式を解いてみると、宇宙のサイズが一定には保たれず、膨張するか収縮するかどちらかだとわかった。

そこで、定常宇宙を予知するため、アインシュタインは自らの方程式を改訂し、〈宇宙定数〉を含む、〈宇宙項〉なるものをつけ加えた。

この改訂理論発表の十二年後、ハッブルは、宇宙が膨張中であることを、観測データをもとに示した。

これを知ったアインシュタインは、自らの理論を再検討し、宇宙項を導入したことが、かれ生涯の過ちであると認めた。これは科学史上に名高い出来事である。

ところがである。多くの人が前世紀最高の人物とみなすアインシュタインのこの誤謬も、つまるところ誤りではなかった。

というのは、宇宙定数は実は真空のエネルギーを意味し、宇宙項は万有引力を打ち消すはたらきをもち、宇宙の構成要素を互いに退けさせようとする。その意味で宇宙定数は先ほど考えた第五元素やダークエネルギーと同然だからである。

宇宙定数は、その名の示すごとく、不変の定数である。一方、現代宇宙論の求める真空のエネルギーは、ビッグバンの初期からさまざまな変態を経て今日の状況にいたったものと推測される。

このような違いはあるものの、宇宙定数という未知の自由度を一般相対性理論に残し、宇宙論のさらなる展開を予見したアインシュタインは、真に偉大な科学者であった。

膨張する宇宙

ハッブルは「宇宙は膨張している」といった。が、この膨張という言葉は曲者だ。

ビッグバンとか膨張宇宙とかを耳にすると、とかく私たちはかんしゃく玉の破裂とか、夏の風物「た〜まや〜」とか「か〜ぎや〜」とかを思い浮かべてしまう。

でも、この連想は間違いだ。

というのは、宇宙に端はなく、誰でも自分はその中心にいるとみなして差し支えない、まことに公平な世界である。

一例として地球表面を考えてみよう。この球面上の二次元世界には端がないことに気づく。しかも日本で発行される地図のように、日本が世界の中心と表してもよいし、また西欧版のように、イギリスあたりを世界の中心に据えてもよい。

この球面宇宙が膨張するとか収縮するということは、地球全体を風船玉のように膨らませたり縮めたりすることに相当する。日本とイギリスの間の距離もそれにつれて伸び縮みする。

光が伝わるには一定の時間がかかる。光が一年かかって到達する距離（約十兆キロメートル）を一光年という。

私たちの宇宙は百四十億年ほど前のビッグバンにはじまるとされているので、もし百億光年の彼方まで観測を深めれば、宇宙の歴史をほぼ三分の二までさかのぼることができる。

このように膨張宇宙の時の流れを逆転し過去にさかのぼると、構成要素間の距離は縮まる。そしてこの距離がゼロになる時が、宇宙開びゃくのビッグバンである。

ところで量子論の不確定性原理が教えるところでは、ものの長さが厳密にゼロ値をとることは許されない。極微細ながらプランク長さ（10^{-33}cmほど）という最短の長さの単位がある。

そして物質を構成する基本要素である素粒子（クォークなど）も真の〝点〟ではあり得ず、プランク長さほどのサイズをもつ。だからビッグバンの瞬間は、宇宙を構成するすべての要素が、プランク長さほどのサイズ内で重なり合うことになる。

それは【第五元素】でも話したように、超高密・極微細な素粒子の火の玉が示す量子論的混沌の世界に相当する。

膨張宇宙で放射された光は、伝播距離すなわち伝播時間が長いほど、その波長が伸びる。いまの宇宙は過去の宇宙に比べて距離が伸長しているからで、この現象を〈赤方偏移〉とよぶ。

米国カリフォルニア大学バークレー国立研究所のサウル・パールムター博士をリーダーとする超新星宇宙論研究グループは、南米チリ高原にある天文台で百億光年の彼方の超新星爆発を観測していた。その目的はビッグバンにはじまる宇宙の進化と変成のさまを明らかにすることである。

その観測データを精査し、銀河系外星雲などの示す赤方偏移からすでに知られていた宇宙膨張係数（ハッブル定数という）と組み合わせた結果、一九九八年一月「宇宙の膨張は加速しつつある」と発表した。

この業績は、米国科学振興協会誌『サイエンス』が「一九九八年ブレークスルー・オブ・ザ・イヤー」と讃え、他の新聞・雑誌なども新発見として華々しく報道した。

アスペン物理学センター——宇宙探究の前線

アメリカコロラド州アスペンの夜、高地の澄んだ大気を通し、降るように星が輝く。この満天の星空の下、古代ギリシャの哲人アリストテレスのように、広大な宇宙の来し方行く末に思いを馳せたくなる。

二〇〇一年七月一八日、アスペンインスティチュートのペプケ講堂で、アスペン物理学センター（Aspen Center for Physics：ACP）主催の一般講演があった。

この講演は、ハインツ・ペイグルス記念シリーズの一環で、講師はサウル・パールムター、演題はこの星降る夜にふさわしく「超新星・ダークエネルギー・加速する宇宙——その次は？」であった。

アスペンは標高二千四百メートル、ロッキーの山あい、スキーリゾートとして知られる小邑だ。そして文化面でもまたユニークである。

一九四九年の夏、《ゲーテ生誕二百周年記念集会》が開かれ、神学者・伝道師・医師・オルガン奏者、そして〝原始林の聖者〟と呼ばれたアルバート・シュヴァイツァーをはじめ、錚々たる学者・文化人が集まり、戦後の混乱期にあった西欧文化とその行方を話し合った。そしてその集会の翌年、アスペン人文科学研究所（後のアスペンインスティチュート）が創設された。

ACPは、ジョージ・ストラナハン、マイケル・コーエン両物理学者がアスペン人文科学研究所にはたらきかけ、一九六二年にその一部として発足し、一九六八年に独立の機関となった。そして、一九六九年の夏を皮切りに、わたしは自然科学の学徒として、ACPと深く関わってきた。

ACPは、創設時からあるストラナハンホール、図書室などがあるベーテホール、そしてバラック建てのヒルベルトホール跡に一九九六年新築されたスマートホールからなる。スマートホールには、少人数会合用のバーディーン小部屋とゲルマン小部屋が設けられ、百人余を容れる講堂がそれに隣接する。これらはすべて平屋建てで、アスペン林のなか、自然や周りの景観に見事にとけ込んでいる。

ACPの維持発展には、ノーベル賞物理学者――ジョン・バーディーン、ハンス・ベーテ、マレー・ゲルマンらが多額の私財を寄付し、私たちも貧者の一灯を供した。

加えて、米国科学基金財団（NSF）や米国航空宇宙局（NASA）などの公的機関もその意義を高く評価し、積極的に支援してきた。

ＡＣＰの目的は、世界各地からの研究者たちが、教育・企業組織の日常責務から解放され、専門を横断し、自由に考えを交わし発展させる場を提供することである。

二〇〇一年夏のプログラムは五月二八日から九月九日まで。参加科学者は常時八十余名を数え、各人おおむね二―四週間滞在する。

参加者相互の交流研鑽がＡＣＰ活動の中心であり、関連して週二―三回のセミナーと毎週火曜の夕刻に集うセンターピクニックがある。

それらに加えて、サマープログラムの間、約十件のワークショップが三―五週間単位で開かれる。

ロックフェラー大学教授またニューヨーク科学アカデミー院長であったハインツ・ペイグルス博士も、二十年間にわたりＡＣＰの伸展に尽力し、アスペンの自然をこよなく愛した。しかし不幸にして彼は登山中の事故で死亡した。

ペイグルス講演シリーズは、彼のアスペン文化への貢献を記念し、十数年前に始まった。今回のパールムターの講演は市民の大きな関心をよび、講演後にはおもしろい質問がとびだした。

百億光年の超新星──宇宙の加速膨張を発見

パールムター博士の講演を聞くため、七十歳代から十歳前後まで文字通り老若男女の市民が、ペプケ講堂四百の座席をうめた。この講演で彼は超新星の観測が宇宙論といかに結びつくかをわかりやすく解説してくれた。

話は次の順に展開した。

1　光が伝わるには一定の時間がかかる
2　宇宙は膨張している
3　放射された光は伝播距離に応じて波長が伸び、いわゆる赤方偏移を示す
4　観測光源として超新星爆発を選ぶ
5　これらのデータを解析し、宇宙の年齢を推定する

1─3は【膨張する宇宙】で話した。

ここでは、4と5を通じ、膨張宇宙と超新星観測との関係を考えてみよう。

第2章の【超新星のこだま】で、恒星進化の最終状態である白色矮星の中核部で、超高密金属炭素などの核融合反応が引金になり、超新星爆発が起こる可能性を述べる。このような超新星はIa型とよばれ、重力崩壊で起こるII型などと区別される。

Ia型超新星の最高輝度は太陽の数億から百億倍近くに達するほど明るい。だから百億光年の遠方にあっても地上の望遠鏡で観測する光源に使えそうだ。

「Ia型超新星を観測の対象にするとはなんと非常識な！」——この研究計画ははじめから天文学者の袋叩きにあいそうだった。

批難の理由は３Ｋならぬ３Ｒにあった。

まず‘Rare’（Ia型超新星のイベントは私たちの銀河系でも五百年に一回程度しか期待できない）、次に‘Random’（どこに望遠鏡を向けてよいかわからない）、そして‘Rapid’（瞬間の出来事でそれと同定するのが難しい）。

しかしパールムターたちの超新星観測計画は、このような〝常識〟を超えた新しい発想にもとづくものであった。

まず「五百年問題」は？

わが銀河系はサイズが数万光年、また人間の寿命は百年ほど、五百年に一度のイベントはそれを観測の対象と見込む方がたしかにおかしい。

しかし本件は百億光年の彼方を見透かす観測計画だ。百億年にとって五百年はほんの瞬時にすぎぬ。百億光年先には五百光年幅の空間など無数にある。そのあたりを精査すれば超新星は必ず見つかると期待していい。

この五百年問題の解決は、そのまま二番目のRの解決に結びつく。つまり、近間の星や星雲などからの光信号がなるだけ少ない天空の方角に望遠鏡を固定し、その視野の中に超新星の輝きが現れるのを待てばよいのだ。

しかし、いくら超新星が明るいといっても、百億光年の遠方だ。画像データは弱く、コンピューター処理で鮮明にしなければならぬ。この技術が近年飛躍的に向上したお陰で、超新星の検出がはじめて可能になったといえる。

講演の中でパールムターは、同一視野で一〇日をあけて撮影した二枚の写真の比較から、この観測がとらえた超新星を見せてくれた。

第三のRは3で述べた赤方偏移と密接に関係している。

第2章の【宇宙からの福音】などで話す一〇五四年超新星〈かに星雲〉は、中国の史書によると、数日間は日中でもその輝きが見えたようだ。つまり超新星は爆発後数日で最高の輝きを見せ、やがて輝きを失い、ついに肉眼では見えなくなる。このような輝度の経時変化をライトカーブとよぶ。かに星雲は我々からの距離にして数千光年先の銀河系内天体であるのに対し、いま問題にしている超新星は百億光年先にある。その経時変化は宇宙の膨張にともなう伸びた時間スケールで観測される。いいかえると、ハッブルが観測した星雲の光スペクトル線の赤方偏移と同じように、ライトカーブの伸びを使って超新星の距離測定を較正することができる。

パールムターはこの補正を施した結果、二つの超新星のライトカーブを鮮やかに一致させ、見せてくれた。

ほぼ百億年以前に起こった十件ほどの超新星イベントがこの方法で観測され、その結果宇宙の年齢は約百五十億年であると推測された。他方、これより新しい（近い）時点での赤方偏移測定などから推定された年齢はもう少し短く、百二十億年ほどといわれていた。

だからこれらの情報を組み合わせると「宇宙の膨張速度は増しつつある！」という深甚な結論に達する。

スウェーデンの王立アカデミーは二〇一一年一〇月四日、その年のノーベル物理学賞をパールムター博士ら三名に贈ると発表した。授賞理由は「遠距離の超新星観測を通じた宇宙の膨張加速の発見」――まさに本節の内容そのものだ。

宇宙の終焉――灼熱の陥没か、凍結の消滅か、壮烈な破局か、はたまた……

パールムター博士の講演のあと、質疑応答の時間に入った。そして三人目に十歳くらいの少年が立った。"What is our Universe expanding into?"（宇宙は膨張してどうなるの?）――パールムターもやや答えに窮したようであった。

宇宙はこれからどうなるのだろう?　宇宙に終末は来るのだろうか?　もしそうならどんなかたちで?

もちろんこれは今世紀やそこらの問題ではない。宇宙に終末があるとしても、そのとっくの昔に人類をふくめ地球上の全生物は死に絶えているはずだ。とはいえあの少年の疑問は、やはりずいぶんと気掛りな問題ではある。

アメリカの詩人、ロバート・フロストはその詩“A Fire and Ice”で“Some say the world will end in fire, Some say in ice”と詠った。この詩が暗示するように、宇宙は自らの重みに耐えかね、ついにグシャリと灼熱の大陥没を起こすかもしれぬ。あるいは徐々に速度を緩めながらも永遠の膨張を続け、星たちはあたかも電球がひとつまたひとつ寿命が尽きるように、暗く、冷たい、凍結の冥府に消える——これもありそうなストーリーだ。

そして、ダートマス大学やカリフォルニア工科大学に属する理論家三氏は、米物理学会の『フィジカルレヴューレターズ』誌二〇〇三年八月一五日号に、「幽玄エネルギー：$w<-1$のダークエネルギーが宇宙破局の日へと導く」と題する、また別の宇宙終焉のシナリオを提起した。

宇宙は誕生以来膨張を重ね、いままで百四十億年ほど経過した。でもやがては幽玄エネルギーのハタラキで収縮に転じ、約二百億年の後には「壮大な破裂」とも名づくべき終焉を迎え、その直前には、銀河や星のみならず、原子までもがチリヂリに引き裂かれてしまう——というのだ。

それはSFを凌駕し、マボロシをもハタラカセル、まさに能の世界ではないか！

冒頭に還ると、パールムターたちは百億年ほど前に起こった超新星イベントを観測し、ビッグバンから三分の一の時点にまで、宇宙誕生に接近した。そのデータに既知の知見を組み合わせ、宇宙はただいま加速膨張中であることをさらに示した。

また、これも以前話したが、そのように膨張が加速する宇宙には、万有引力に反し、互いに斥けあうはたらきを仲だちする、未知の新しい成分ダークエネルギーがどうしても必要となることがわかった。

この新しい成分の特徴をもうすこしはっきりさせるため、圧力とエネルギー密度（単位体積中のエネルギー量）の比を w で定義しよう（この比を「状態式パラメター」とよぶことがある）。式で書くと、

$$w = [\text{圧力}] / [\text{エネルギー密度}]$$

たとえば、空気など普通の希薄な物質についてはは $w = 2/3$、そして、私たちがこれまでに知るすべての物質について、じつは $w > 0$ である。

ところで【第五元素】で説明したように、ダークエネルギーってやつはまことに奇妙な性質をもつ。それは、物質の互いに斥けあうはたらきを媒介するため、圧力が負、つまり $w < 0$ なのだ。

アインシュタインが定常宇宙を予知するため導入した、あの宇宙定数については、$w = -1$ だ。

そして前記の三氏は、最近の観測データをふまえ、幽玄エネルギーについて、$w = -3/2$ を想定

する。

ダークエネルギーの実体を誰しもが納得する形で説明できる人はまだいない。そこでは新しい物理法則が必要になるかをふくめ、このエネルギーのさらなる実証が求められている。

そのような実証が可能なのは宇宙開びゃくにあたるビッグバンの瞬間しかなさそうだ。先にも話したように、私たちがこれまで体験したこともない負の圧力など、ダークエネルギーの新奇な特質は、超高密・極微細な素粒子の火の玉が示す量子論的混沌の世界でしか実現されそうもないからである。

ビッグバンをヒトメでも覗けぬものだろーか⁉

指呼の間——ビッグバンをヒトメでも

一三七億年前に宇宙開びゃくを告げたビッグバンのすぐそば、呼べば応える〝指呼の間〟にまで、私たちは近づけたのではないか！　宇宙に浮かぶ〈ハッブル望遠鏡〉が、四カ月におよぶ観測データを蓄積した末、このように胸ときめかせる画像を地球に送り届けてくれた。

その画像は、ろ（炉）座中の小空間で総計百万秒にわたる露出の末に得られ、〈ハッブル超深宇宙像〉と名づけられた。メリーランド州ボルティモアのジョンズ・ホプキンス大学構内にある宇宙望遠鏡科学研究所が二〇〇四年三月九日に公表したこの画像は、人類がそれまで見た最深奥の宇宙像だ。

そこには一万体におよぶ銀河が写し出され、その中で淡く赤みを帯びた数十のスポットは、ビッグバン暗黒時代からわずか四―八億年後、まだ星形成の暇もないころの、言わば〝生まれたての銀河〟を写し出しているのではないかと考えられている。

研究所長スティヴン・ベックウィズ博士は「これらデータが仔細に解析された暁には、銀河や恒星さらには私たち自身がいかにして出現したかの秘密の解明に結びつきそう」と期待をこめる。

また別の研究者は「私たちは宇宙開びゃくイベントのフィナーレを見ているのではないか」とも語る。

ハッブル超深宇宙像はかくも燦々と輝いている。しかし残念なことに、その当時、二〇一一年に打上げが予定されていた〈ジェイムズ・ウェブ宇宙望遠鏡〉が軌道に乗るまで、もっと深みにまで届く宇宙画像は得られまいといわれていた。

なぜだろう?

それは、『旧約聖書』が描くモーゼにも似て、ある種権力が介入する運命の綾なしが絡んできたからだ。

モーゼはイスラエルの民を率いてエジプトを脱出し、エドム、モアブの荒野に困難な漂泊をつづけ、ついに〝約束の地〟カナンを展望する丘の上までは人びとを導いた。

しかしヤーウェの命により、彼はヨルダン川を渡ることなく、エリコの対岸で死んだのである。


ハッブル望遠鏡も、モーゼのように、ビッグバンを指呼の間に望むところまでは、私たちを導くことはできた。が、ビッグバンには到達し得ない運命にある。というのは、政治がらみの理由で、三年以内に消されそうなのだ。

二〇〇四年一月一七日、ハッブルが超深宇宙像データを撮り終えたその翌日、米航空宇宙局（NASA）のシーン・オキーフ長官が「ハッブルの機能を維持するためのサービスミッションは、宇宙飛行士の安全が担保できないので、今後は行わない」と宣言した。

ハッブルは、一九九〇年の打上げ以降、一九九三年一二月の第一回から数え、計三回のサービスミッションを受けた。そして二〇〇七年までにはその第四回目が必要だ。だからNASAの決定は、ハッブルにとって三年以内の死刑宣告にも等しいのである。

その一年前、二〇〇三年二月一日に起こったスペースシャトルコロンビア号の惨事が長官のこの発言の背景にあったろうことは、想像に難くない。あの事故は七人の貴い人命を奪い、宇宙ステーション計画に甚大な蹉跌をもたらしたからだ。

だが理由はそれだけではなさそうだ。より重きをなしたのは、当時のブッシュ大統領がその数カ月前に発表した、国際宇宙ステーション完成・月面開発・有人火星探査を三本柱とする〈新宇宙開発計画〉のようだ。

計画といっても、大統領選目当ての打ち上げ花火のようなもの。でも、NASAは、大統領の意向には前向きに対応せねばならぬ。限られた予算の中で、ハッブル改修（十億ドルかかる）にまでは手がまわりかねるということのようだ。

手許に〈オリオン星雲モザイク〉と題する大判のカラー写真がある（口絵1参照）。

一九九七年三月、ドイツのマインツ川に沿ったバイエルンの古邑、バンベルクでのフンボルト授賞式の際、同じく受賞者であった米ヒューストンのライス大学オデル博士自身からもらったものだ。

彼は、一九九四年一月から一九九五年三月までの間にハッブルで撮影した、四五枚の異なったオリオン星雲のカラー写真を合成して、このモザイクをつくりあげた。ちなみに、オリオン星雲は千五百光年の彼方、冬の夜空にきらめくオリオン座の三つ星の南、狩人オリオンの剣の中ほどに扇形に広がる散光星雲だ。

すこし込み入った話をすると、オリオン星雲の発する光について、酸素原子の発光分を〈青〉、水素原子の発光分を〈緑〉、窒素原子の発光分を〈赤〉に着色したそうだ。そして、このように合成されたモザイクの色調は、オリオン星雲すぐ傍の住人が見る光景に、さも似ているという（ヘェ～!?）。

その写真の裏面〈解説記事〉のタイトルは「天地創造のるつぼ――ハッブルのモザイクパノラマ写真が星生誕の大渦をズームイン」

その啓示する沸々たる光景は、四六億年前、わが太陽系生成時の天地創造のドラマをまさに彷彿させるというからスゴイ。

ハッブルの卓越した成果は他にも枚挙に暇がない。

しかし、前にも述べたように、ハッブルが例の超深宇宙像データを撮り終えた翌日、オキーフＮＡＳＡ長官が「ハッブルのサービスミッションは今後行わない」と宣言したのだ。

ＮＡＳＡの諮問を受けた全米科学アカデミーは、サービスミッションを継続し、ハッブルを延命するようにと勧告した。オキーフ長官もそのための経費はすでに予算化済みだという。

しかるにブッシュホワイトハウスは、二〇〇五年二月に議会に送付した二〇〇六会計年度予算案で、二〇〇七年中にハッブル廃棄を行うための費用を計上した。

そしてその直後の二月中旬に、オキーフ氏は三年間勤めたＮＡＳＡを去った。

ブッシュ氏はその後任としてマイケル・グリフィンを新長官に任命した。彼はNASAと軍事両面で宇宙科学技術開発に経験豊かな人物だ。
ハッブルの命運は米議会とグリフィン氏に委ねられた。

❖ ❖ ❖ ❖ ❖

その後ハッブルは、幸運にも、二〇〇九年五月に最後のサービスミッションを受け、「いままで最高の性能」になり、少なくとも二〇一四年まで寿命が延びた。

他方、ジェイムズ・ウェブ宇宙望遠鏡は、当初の二〇一一年打上げの予定が二〇一四年に延び、二〇一二年現在はさらに遅れ、八十億ドルかけて、二〇一八年に打上げる計画である。ただし、その予算の出所は未定である。

2　超新星とパルサー——天体核物理学の主役たち

宇宙からの福音——中性子星の発見

一九六七年の暮近く、英国ケンブリッジ大学の電波望遠鏡が、約一秒のくり返し周期でピクピクと脈動する、約百ミリ秒幅のパルス電波をとらえ、これを〈パルサー〉と名づけた。その周期は非常に正確で、もしこの信号を時計に組み込んだら、三百万年に一秒しか遅れないものができるといわれたほどであった。

科学誌『ネイチャー』の一九六八年二月二四日号に報ぜられた最初のパルサー PSR 1919＋21

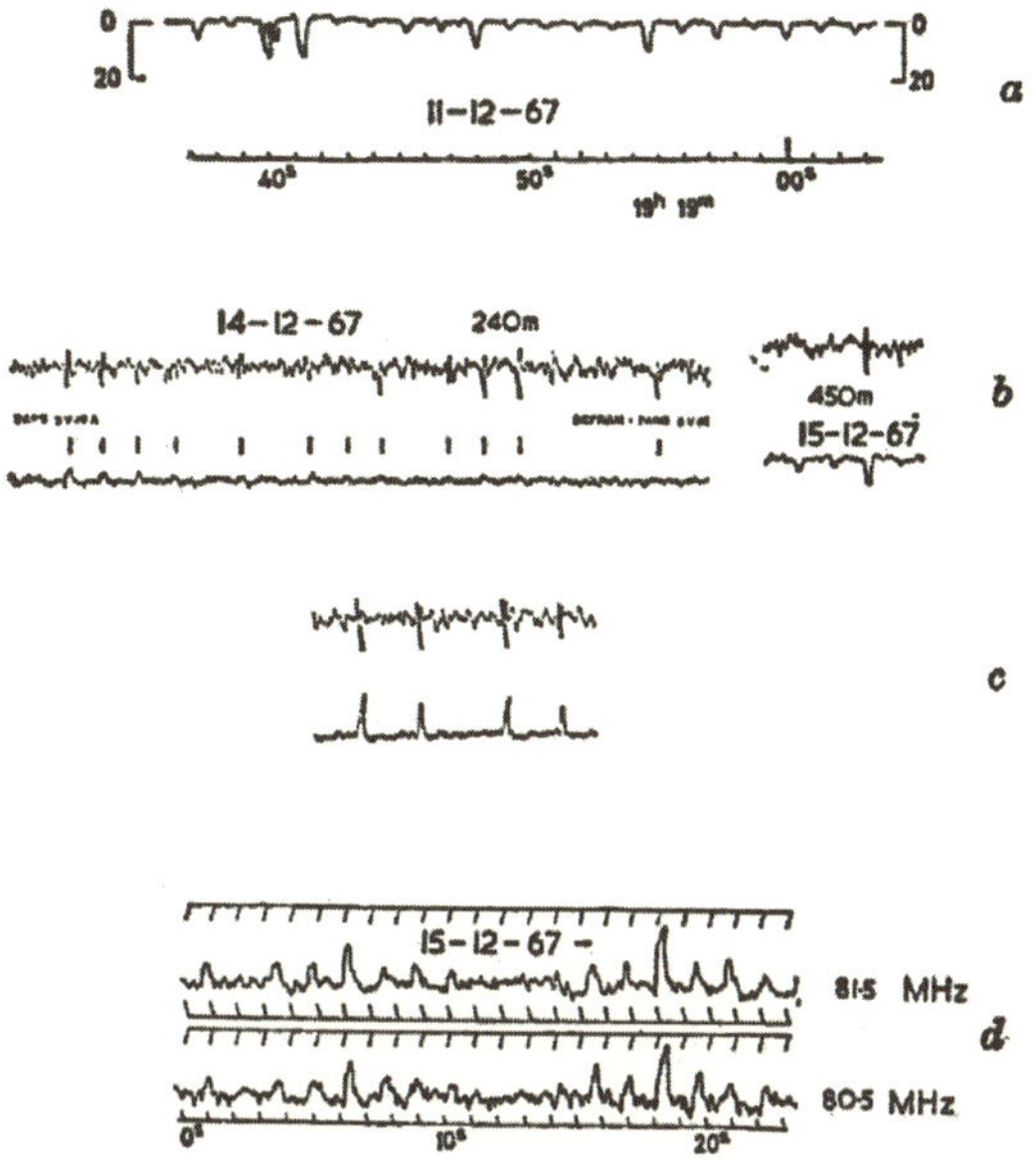

図 2.1　最初のパルサー（PSR 1919+21）発見の記録（A. Hewish *et al., Nature,* Vol.217, 709-713（1968）より）

の発見の記録を図2・1に掲げる。

ここで、PSRはpulsarの略記、数字は天空上の位置を赤経と赤緯で表し、記録は一九六七年の一二月一一日から一五日にかけて得られたものである。

夜空に星の光が瞬くように、はるか彼方からとどく宇宙電波も途中の媒質の変動によりチラチラと揺らぐ。しかし毎秒一回などという超スピードで、こんなに規則正しい脈動をする天体があるなどと想像した人はあまりいなかった。

ヨソの世界の文明が、あるメッセージをこのパルスに託して、私たちに交信を試みているのではと、パルサーの発見者たち自身が胸をときめかしたほどであった。

残念ながらこの〈地球外文明仮説〉は早々と消え去った。

なぜかというと、まずパルス信号を詳しく調べても、メッセージらしいものは何も読みとれなかったからだ。

さらに最初のパルサー発見から二カ月後、似たようなパルス信号をだす天体が新しく三個見つかり、それらは約千光年の距離で隔たり合っていることがわかった。

一光年とは光が一年の間に到達する距離（約十兆キロメートル）をいう。だから〝パルサー文明〟が互いにしめし合わせるには、最高速の光通信を使っても片道千年はかかることになる。これでは無理なようだ。

パルサーの正体を明らかにするには、さらに二年近くの歳月がかかることになった。

天体パルサーの発信する規則正しい脈拍電波と短いパルス幅の特徴から、パルサーの本体は、きわめて強い磁気を帯びた〈中性子星〉ではないかという仮説が提唱された。

ここに現れた〈中性子〉は、〈陽子〉とともに原子核を構成する基本的な粒子（「核子」とよばれる）で、陽子が一単位の（正）電荷を帯びるのに対し、中性子はその名の示す通り電荷を帯びない。

〈磁気中性子星仮説〉は——地上の想像をはるかに超える強力な磁石となった、半径十キロメートルほどの中性子星（neutron star）が、ほぼ毎秒一回、コマのように回りながら、磁極付近からあたかも灯台のサーチライトのように電波を放出する。そしてそれが私たちの視界に入ったとき、ピカピカと電波のパルス信号を感じる——という。

中性子星の存在は、一九三二年の中性子の発見にすぐ引き続いて、ランダウやオッペンハイマーらにより予知され、ツウィッキーとバーデは中性子星が超新星爆発（【超新星のこだま】参照）の際に生まれると予想した。

中性子星の平均密度は一立方センチメートルあたり一億トンを超える。それは微細な原子核内部の質量密度とほぼ同じ、つまり中性子星は宇宙に浮かぶ〝巨大な原子核〟といって差しつかえない代物だ。

だからその仮説が成り立つかどうかは、原子核物理学にとっても、えらく気になるところである。とはいっても、当時の中性子星は理論の産物の域を超えず、この仮説は実証の裏打ちが必要であった。

中性子星は〈超新星爆発〉で生まれる！

重すぎる星は、ついには自らの重さを支えきれず、内部崩壊を起こし、その反動で大部分の質量を周りに放出し、あとに小さな中性子星を残すといわれる（このことは、後の【超新星のこだま】で扱う）。

一〇五四年、天空上の牡牛座で超新星爆発が起こり、あとに〈かに星雲〉を残した。この星雲はいまでも毎秒千キロメートルほどで急速に膨張しており、激しい活動とともに、強い光と電波、さらにはX線をも放射している。

パルサー観測者の目はかに星雲に注がれた！　そして、第一のパルサー発見の一年後、一九六八年の暮に、かに星雲中心部でパルサーが見つかった。

驚いたことに、パルス信号は電波のみでなく、光やX線でも確定され、そのくり返し周期は三三ミリ秒と、非常に短いものであった。

かに星雲のパルサーを発見したおかげで、中性子星の物理学はめざましく進んだ。

宇宙の彼方から送られたトキメキのパルサー信号は、基礎物理学の進歩に役立つ数々の知らせを伝える、エも言われぬ福音であった。

宇宙に浮かぶスーパー磁石——磁気中性子星

屋内でつくる磁場では世界最強の六一五テスラを発生させることに成功したと、東京大学物性研究所が二〇〇一年八月に発表した。永久磁石に用いられるタングステン鋼で一テスラほどだから、この磁場強度には目を見張るものがある。

宇宙に目をやると、それは〈磁気白色矮星〉で観測された磁場強度に匹敵する。

白色矮星は、次の節で話すように、星が数十億年かけて進化したあげくの最終状態で、大ざっぱにいって、太陽くらいの質量を地球ほどの体積に圧縮したような天体だ。冬の夜空に輝くシリウス（大犬座α星）の伴星はよく知られた白色矮星の例である。

シリウスのような連星ではなく、孤立した白色矮星を観測してみると、その三—五パーセントに百テスラから数万テスラという強い表面磁場が見いだされている。

地球サイズのスーパー磁石があるというのだから、宇宙は凄い！

しかしこの程度で驚いてはならぬ。

パルサーの本体は「地上の世界では想像もつかないほど強力な磁石となった中性子星が……」と前節で話した。そしてこの中性子星磁場の強さは、なんと一億テスラから十億テスラを超えるというから、あいた口がふさがらぬ。

でも数千光年の彼方の中性子星がそんな強磁場をもつなんて、どうしてわかるの？

じつはこれが〈X線天文学〉の目覚ましい成果なのだ。

それはX線観測用の人工衛星を打ち上げ、X線の目で見た宇宙の描像を探ろうとする研究分野で、後に本章の【一九七一年　X線パルサー】や第3章の【白鳥座のブラックホール】で話すように、一九七一年にはケンタウルス座やヘルクレス座に各々四・八四秒と一・二四秒のくり返し周期をもつX線パルサーを発見し、また同じ年に、初めてブラックホールと同定されることになる白鳥座のX線天体が見いだされた。

二〇〇一年三月に惜しくも物故された小田稔博士は、X線天文学の開拓者であった。

小田が所長を務めた文部省宇宙科学研究所は、一九八七年二月に観測衛星「ぎんが」を、また一九九三年二月には「あすか」を打ち上げた。そしてこれら衛星によるパルサーのX線スペクトル解析から、中性子星のもつ超強磁場が実測されたのである。

その原理は次のようだ。

まず電子など電気を帯びた粒子を磁場の中に置くと、その電荷は磁力線の回りを回転する。この回転をサイクロトロン運動、その周波数をサイクロトロン周波数という。

十例近くのX線パルサーのスペクトルを測定した結果、そのすべてに電子のサイクロトロン運動を示す特徴が検知された。そしてそのサイクロトロン周波数から磁場強度を推算すると、先に述べた一億テスラから十億テスラを超える数値が得られたのだ。

白色矮星や中性子星がなぜそのように強力な磁石となるかについては、いろいろな面から考察されている。

なかでももっとも意味のありそうなのが「星を通り抜ける磁力線の数」を勘定すること――この数は磁場強度に星の断面積を掛けたものだ。

いま半径五千キロメートルの白色矮星が四千テスラの表面磁場をもつとする。その場合の磁力線数は、半径十キロメートル、表面磁場十億テスラの中性子星と同じなのだ。だから磁気白色矮星とパルサー磁場は、右記の〝磁力線の数〟という見地からは、同根（もとは同じ）と認定できる。

しかしこの同根説もさらに探究を進めると数々の矛盾に突き当たる。

たとえば、中性子星が重すぎる白色矮星の重力崩壊からつくり出されるとき、どうしてその磁力線の数を変えずに保てるのか？

さらに、いずれの天体の場合でも、そもそも、そんな超強力磁場がどんな機構で維持されているのか？　などなど。

宇宙に浮かぶスーパー磁石の成因はいまのところ謎だらけだ。

白色矮星や中性子星は地上世界の想像を絶する超高密度の物質からなるといわれている。地上では思いもつかない強力天体磁石の出現は、むしろこの超高密物質の本性に関係があると考えるのが自然かもしれぬ。

それやこれやで、筆者は超高密金属水素の磁性と磁気白色矮星とを結びつける考えを公にしたことがある（『フィジクスレターズA』（Vol.235, 83-88（1997））。

いずれにせよ想像を絶する世界について考えを巡らすのは自然科学の醍醐味である。

超新星のこだま——星の進化・核融合・元素合成

やや紛らわしいが、新幹線こだま号の話ではない。これは宇宙に浮かぶ天体の話だ。

〈超新星〉（supernova）とは、星が進化の最終段階で、突如太陽光度のほぼ十億倍もの明るさで輝き、その後一―二年の間に減光する大規模な爆発現象のことである。
その生起確率はきわめて稀で、わが銀河系内に限ると、過去千年間に、一〇〇八年のSN 1008（SNは“supernova”の略、1008は暦年）にはじまり、わずか六例しかない。

SN 1008の次に生起したSN 1054は、牡牛座の〈かに星雲〉に発展し、あとに〈かにパルサー〉を残した。別の超新星の例をつけ加えると、わが銀河系外の大マゼラン雲中で生まれた超新星SN 1987Aからのニュートリノが、小柴昌俊博士のノーベル賞につながった。
「こだま」は英語で“echo”――それは、（音の）反響、山びこ、エコーなどをも意味する。山の中で「ヤッホー」とさけぶと、向うの山にこだまして「ヤッホー」と返ってくる、それが山びこだ。

科学誌『ネイチャー』（Vol.456, 617（2008））に、レター論文「ティコ・ブラーエの超新星1572はその光エコーのスペクトルから標準的なIa型と判明」が掲載された。著者はO・クラウスらドイツのマックスプランク天文学研究所や東京大学の数物連携宇宙研究機構などに所属の七名。その一人、野本憲一博士とは旧知の間柄だ。

図2・2で示す〈星の進化〉の主な段階を以下に説明する。
星が誕生した後、〈主系列星〉（例、太陽）中での水素（H）の核燃焼――第5章【日だまりに思

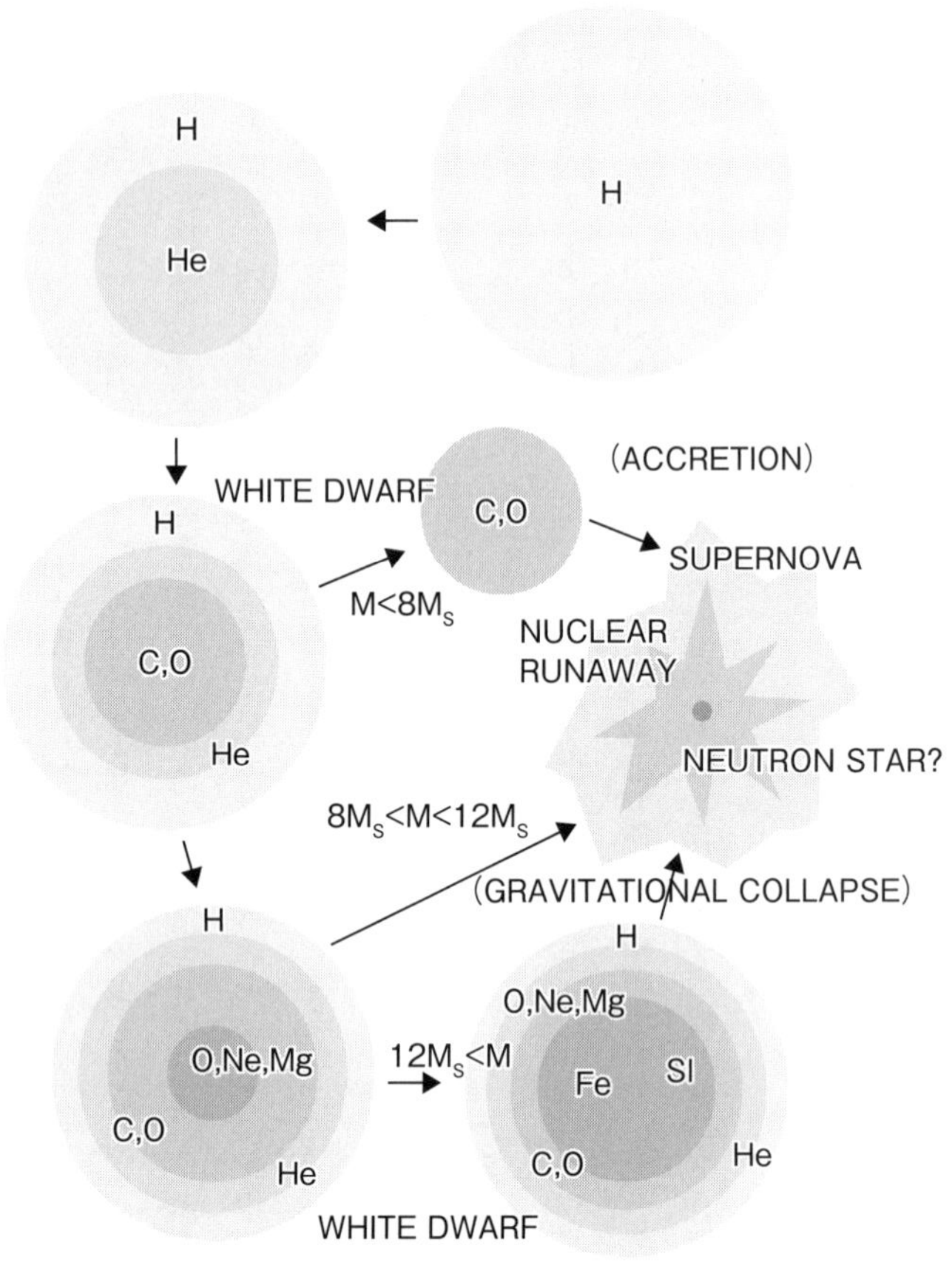

$M_S = 1.99 \times 10^{30}$ kg:太陽の質量, M:星の質量

図 2.2　星の進化

う】参照――の段階をへて、星の中心部に〝灰〟としてのヘリウム（He）などがたまり、その結果、星は膨らんで〈赤色巨星〉の段階へと進む。星は水素を主成分とする巨大なガス球だ。しかも高温なので、水素はその原子核である陽子と電子とがバラバラに分かれたプラズマ状態にある。

星の進化の最終段階は中心部の核反応が終わった白色矮星（white dwarf）とよばれる状態である。

星の質量により条件は異なるが、赤色巨星の内部に存在するいろいろな中心核に対応して種々の白色矮星ができると考えられている。そして、白色矮星内部の構成元素により、ヘリウム白色矮星、炭素–酸素（C–O）白色矮星、酸素–ネオン–マグネシウム（O–Ne–Mg）白色矮星などが区別される。ここに現れる、炭素、酸素、……の諸元素は、ヘリウム以降の核融合反応による〈元素合成過程〉で生ずる（なお、核融合反応については、後に第6章で詳しくとり扱う）。

超新星はそのスペクトルの特徴によってⅠ型とⅡ型とに大別される。

Ⅱ型超新星が太陽とほぼ同じ水素の多い組成をもつと考えられるに対し、Ⅰ型は水素欠乏をその特徴としている。

最近の観測でI型超新星はいくつかの変種に分かれることが確認されている。

まず、Ia型超新星は、図2・2に示すように、太陽質量の八倍以下、比較的低質量の炭素–酸素白色矮星が通常の恒星と連星を組み、その星の外気プラズマの降着（accretion）により物質の供給をうけ、自らの質量を増やし、その結果中心部の質量密度が増大する。そして、

$$C + C \rightarrow Mg$$

など炭素–炭素核反応の暴走（nuclear runaway）が起こり、超新星爆発の引金をひくというシナリオでつくりだされる（なお、降着については、後に【一九七一年 X線パルサー】で説明する）。

一方、連星系で水素の外層を失った大質量星の爆発がIbまたはIc型とよばれる。

それに対しII型超新星は、これも図2・2に示すように、太陽質量の八倍以上の質量をもつ赤色超巨星の水素の多い外層が太陽半径の千倍もの大きさに広がり、その中心の鉄（Fe）またはO＋Ne＋Mgコアが自己重力による原子核の電子捕獲により内圧を減少させ、〈重力崩壊〉（gravitational collapse）を引き起こし、爆発にいたる。

もう少し説明を加えると、次のようだ。

まず、星の構造的安定性のためには、星を周囲から万有引力で圧縮しようとする外圧と、中から

支えようとする内圧のバランスが必要であることに留意する。次に、重い白色矮星は中心部の質量密度が大きく、それにともない物質中の電子の密度や圧力がきわめて大きくなることに留意する。じつは、万有引力で白色矮星が陥没しようとする外圧を支えているのは、この電子による内圧なのだ。

ところが、重すぎる白色矮星の中心部では、高い内圧に呼応して電子のエネルギー準位が高くなり、そのため電子が原子核に吸収され、その結果、電子密度が減少し、電子の内圧が下がり、さらなる圧縮が起こり、電子をさらに原子核に吸収し、圧力が下がり、……と、重力崩壊が加速する。

近世天文学の開祖といわれているティコ・ブラーエは、一六世紀後半、恒星や惑星の精密な位置観測を行い、SN 1572を発見した。でも、四百年以上も前の超新星のデータからスペクトル型を明白に決定するのはまず不可能といえる。が、野本らは、その超新星SN 1572がIa型であることを、新しい観測技術を使ってつきとめた。

超新星爆発の閃光は光速で周りに広がっていることにまず着目しよう。超新星の光は、その伝搬の過程で近くの空間に浮かぶ粉塵の雲にぶつかり、散乱を受け、経路が曲がり、地球に届くのが後れることがある。つまり、そういうことが起これば、四百年前の〝超新星の輝き〟のエコーがいま、ここに届くことになる。

ハワイ島マウナケアに設置された口径八・二メートルのすばる望遠鏡がその光エコーをとらえた。そして、既知のIa型超新星のスペクトルと仔細に比較・検証することによって、ティコ・ブラーエの超新星は標準的なIa型であると結論づけたのである。

《毛蟹》の教え――かに星雲の謎

先に紹介した小田稔博士は、二〇〇二年ノーベル物理学賞を受けたリカルド・ジャコーニ博士とともに、世界に先駆けて宇宙のX線観測用人工衛星〈ウフル〉を打ち上げた。それはスワヒリ語で〈自由〉を意味し、一九六三年のケニア独立を記念してつけた名だ。

小田はつねづね言っていた。

「宇宙の物理を学ぶのに、いい〝先生〟が二人いる。一人は太陽、もう一人はかに星雲である」と。

太陽は、第5章の【日だまりに思う】で話すように、水素の核融合反応により 3.85×10^{26} W ものエネルギーを開放し、主に光のかたちで表面から放出している。

一方、かに星雲はわが銀河系内、太陽系から二千光年の彼方にある、一〇五四年の超新星爆発跡――小田の言葉に違わず、実に興味津々たる天体だ。その特徴は、

1　膨張速度が異常に速い（毎秒千キロメートルほど）
2　高エネルギーをもつ電子を数多くふくみ、実効の電子温度が高い（約五万度）
3　大きい（直径約四・二光年）

などなど。いまも総計 4×10^{31} W と、太陽の十万倍に上る割合で、光や高速電子などさまざまな形態のエネルギーを放出している。

ではその莫大なエネルギーの出所は？――第一の謎だ。

かに星雲の写真は理科の教科書などで御覧になった方も多かろう。毛蟹に似た風体で、内部には剛毛のような光のフィラメントも窺われる。美味しそうな〝物理〟がいっぱい詰まっていそうな感じがする（口絵2参照）。

とくにこの毛蟹構造は食欲をそそる。

「どうしてこんなフィラメント状のものが現れるの？」――だれもが不思議に思う。

答えを明かすと、それは〈シンクロトロン放射〉がつくりだしたのだ。シンクロトロンとは、光速に近い（このことを「相対論的な」という）高エネルギーにまで電子を加速する装置だ。電子は、シンクロトロン中で加速されながら、磁力線に沿って軌道を曲げ、その結果、シンクロトロン放射とよばれる電磁波を放射する。この放射は電場や磁場の向き（「偏波特性」という）に特徴があり、その特徴がかに星雲の観測で確かめられたというわけだ。

一つの謎が解かれると新しい謎が生まれる。

シンクロトロン放射のために必要な磁力線や相対論的電子は、いったいどこから来たのだろう？　かに星雲にパルサーが発見され、これら難問の解決に至る曙光を得た。

一九六七年の暮近く、くり返し周期約一秒、パルス幅百ミリ秒（ms）ほどの電波パルサーがはじめて見つかり、その一年後には、かに星雲の中心部でもパルサーが発見された。パルス信号は電波のみでなく光やX線でも確定され、くり返し周期は33.098 ms（周波数三〇ヘルツ）と短いものだった。

パルサーは「回転する磁気中性子星仮説」により説明される。そのシナリオはこうだ。

強力な磁石を高速で回転させると、一種の発電機作用で周りの空間に強烈な電場を誘起する。この電場は電子など電荷を帯びた粒子を相対論的な速度にまで加速する。高速電子は磁力線で曲げられ、シンクロトロン放射でγ線（電磁波の一種）を出す。γ線はさらに磁場とぶつかり、電子とその反粒子である陽電子に分かれる。これは対生成とよばれる現象だ。

生まれた電子や陽電子は、電場の作用で互いに逆向きに加速され、相対論的な高エネルギーをもつようになり、磁場で曲げられγ線を出し、対生成を行い、……。高速回転する超強力磁石は、このようにして、電子と陽電子からなる相対論的プラズマを真空から創成し、そこに電流を流し、パルサー電波や、場合によっては、光やX線の放射を生みだす。

かに星雲中に磁力線や相対論的電子がウヨウヨする理由も、このシナリオで説明がつく。

では太陽の十万倍もの莫大なエネルギーの出所は？

その答え、今度は高速で自転している中性子星の〈回転エネルギー〉だ。かに星雲のパルサーが周期 33.098 ms で回転していることは前に述べた。しかもその周期がゆっくり伸びつつあることも実測されている。いまの割合でいくと周期が一ミリ秒伸びるのに七五年はかかりそうだ。このことは、中性子星の回転が徐々に緩くなり、回転エネルギーが減じていることを意味する。

中性子星は半径が十キロメートルほど、太陽程度（$\sim 2 \times 10^{30}$ kg）の質量とみなしてよいので、これらをもとに回転エネルギーの減少率を計算すると、ほぼ 10^{32} W となる。この値は先に述べたかに星雲の活動すべてを支えるための総値 4×10^{31} W を賄うことができる。

さらにつけ加えると、中性子星の回転にブレーキが掛かるのは、中性子星磁石から束になって出る磁力線が、かに星雲のプラズマをかき回す際にエネルギーを消耗するからだ。それに、宇宙に浮かぶ三〇サイクルの巨大な電磁ミキサーで〝毛蟹〟を調理する構図を思い浮かべれば、食欲も湧くし、それほど見当違いでもなさそうだ。

二〇〇一年、NASAはX線探査衛星チャンドラを、また、欧州宇宙局（ESA）は同じくXMMニュートンを、それぞれ打ち上げた。

以来一〇年、科学誌『ネイチャー』（Vol.462, 997–1004（2009））のレヴュー記事「チャンドラとXMMニュートン――はじめ一〇年の科学」は、両衛星が観測開始後の一〇年間で明らかにした天文学上の成果を総括した。

それによると、チャンドラとXMMニュートンは、X線から紫外線領域にいたる天体放射のスペクトルを相補的に測定し、通常の太陽系天体、星の形成、超新星爆発、星状ブラックホール、超巨大ブラックホール、ダークマター、ダークエネルギーと、現代天文学ほとんどすべての要件を網羅する課題の解明に貢献している。

そして、チャンドラによる観測で得られた口絵3は、前記の「回転する磁気中性子星仮説」を目に見える形で裏打ちしてくれた。

天体核物理学の父　ハンス・ベーテ博士

原子の時代に輝いた最後の巨星　ハンス・ベーテ博士が、二〇〇五年三月六日、ニューヨーク州イサカの自宅で逝去された。享年九八。博士の七〇年にわたる勤務先　コーネル大学が三月七日に公表した。

ベーテ博士は一九〇六年七月二日アルザス地方ストラスブールに生まれた。一九三三年、ナチス支配下のドイツを脱出、二年間英国で過ごした後、一九三五年コーネル大学に移り、終生その大学町イサカに住まれた。

コーネルでは、一九三八年刊行の総説「星内でのエネルギー生成」に集約される数編の卓越した論文を発表。太陽など恒星内部で起き、それら天体が放出するエネルギーの源となっている核融合反応の詳細を、はじめて明らかにした。

それら輝かしい業績を背景にベーテ博士は「天体核物理学の父」とよばれ、一九六七年「核反応理論に対する貢献、とくに星におけるエネルギー発生に関する発見」により、ノーベル物理学賞を受けた。

星はさまざまな核反応の連鎖過程を通じて進化する。水素→ヘリウム→炭素、酸素→……などの核融合反応が進行し、それにより星の元素組成や内部構造が変わるからだ。

質量が太陽程度以下の比較的軽い恒星は、白色矮星となり、一生を終える。白色矮星とは、先にもふれたように、太陽ほどの質量を、地球ほどの体積（太陽の約百万分の一）に圧し込めた、炭素や酸素を主成分とする、超高密度の天体だ。

だがそれより重い天体は、白色矮星を〝ついの住処〟とすること叶わず、超新星爆発を引き起こし、太陽で百億年分のエネルギーを、わずか一年内に放出し、新しい状態に移行すると考えられている。

記憶に新しいところでは、一九八七年二月二四日、大マゼラン雲でそのような超新星爆発が起こり、放出されたニュートリノを小柴博士らが検知した。

ベーテ博士は、これら超新星爆発とそれがつくり出す新しい状態を理解するのにも、主導的な役割を果した。

そしてわたしのベーテ博士の思い出も、そういった超新星の話題と結びついている。

ふたたび六〇年代にかえり、一九六七年の暮れ近く、くり返し周期約一秒、パルス幅百ミリ秒ほどの電波パルサーが発見され、天体核物理学に新時代の幕開けを告げた。英ケンブリッジ大学、ヒューイッシュ博士は、この「パルサーの発見」により、一九七四年ノーベル物理学賞を受けた。

一九六九年の夏、第1章で紹介したアスペン物理学センターで《パルサー研究集会》が開かれ、ベーテ博士も出席した。

そこで、かに星雲パルサーのデータなどを精査した結果、「回転する磁気中性子星仮説」に対し、観測による実証のお墨付きが与えられた。

わたしはこの集会でベーテ博士の飾り気のない人柄にうたれ、彼の「かに星雲がわが宇宙に在るのは実に幸運だ」なる名言に感服した。

アスペン物理学センターは三棟の平屋からなる。

その一棟は、博士がノーベル賞の賞金の一部を寄付され、それを基に建てられたので、ベーテホールとよばれる。

図書・雑誌閲覧室、書庫、パソコン室、セミナー室、それに数ユニットの二人用オフィスがあり、建物の入口では温厚な博士の肖像写真が迎える。

ベーテ博士が亡くなられた二〇〇五年の六月にもわたしはアスペンに出かけ、彼の遺徳を偲んだ。

中性子星表面の蟻ん子――超強力な重力場

蟻ん子は　哀しからずや
　小一ミリの　隆起を前に　越えずうろたう

中性子星の表面に住む蟻ん子は、いったいなぜにこうもうろたえているのだろう？　その答えは、中性子星の表面に備わる超強力な重力場にある。その成因と意味合いをここで考えよう。

一九六七年の暮れにパルス状の電波を規則正しく放出する天体――パルサー――が発見され、大センセーションを巻き起こした。このときまず問題になったのは、あたり前のことながら「パルサーって何？」であった。今日パルサーの本体は「回転する磁気中性子星」と考えられている。この結論に至る道程をここで振り返る。

本章の冒頭に引用した、『ネイチャー』誌に報告された最初の四つのパルサーのパルスくり返し周期は、最短のもので〇・二五三秒、あとの三つは一・二―一・三秒、その値はきわめて安定していた。このように一秒前後という異常に短い時定数で固有運動を継続しうるのは、極度に圧縮された重くて小さな天体しかなかろう――それが大方の見解であった。

たとえば、恒星がその内部での核融合反応をしつくし、進化の最終段階に至ったときに想定される白色矮星や中性子星がそのような天体だ。

その中で、パルサー発見の当時、観測によりすでに実在が確証されていたのは白色矮星のみで、中性子星は（さらに第三の可能性としてのブラックホールも）まだ単なる理論の産物でしかなかった。

白色矮星の代表的なパラメターとして、質量は太陽程度（$\sim 2 \times 10^{30}$ kg）、半径は地球程度（$\sim 5 \times 10^{3}$ km）ととってよい。

中性子星もやはり太陽くらいの質量をもち、その半径は十キロメートルほどと想定されている。

これら天体の固有運動としては、星の回転、径方向の振動、そして二重星（連星）の軌道運動が考えられる。

このうち最後のものは、重力波を放出し運動が速やかに減衰するとの理由でまず脱落した（重力波について、詳しくは後の【連星系パルサーからの重力波】を参照あれ）。

さらに径方向の振動についても、白色矮星ではその周期を二秒以下にすることが難しく、また中性子星ではミリ秒以下となってしまうので、観測されたパルサー周期との対応は難しいことがわかった。

残るは星の回転運動のみだ。ここでの問題点は「構造安定性」——つまり、その星をパルサー周期で回転させたとき、壊れず、自らの構造を維持できるか? である。

この問題をまずわが地球にたち戻って考えよう。地球の質量は太陽の三三万分の一、半径は六千四百キロメートル、そしてそれは一日一回の速度で自転している。

ニュートンのリンゴが教えるように、地表の物体は地球中心向きの力を受ける。引力の強さは地球の質量に比例し、地球中心からの距離(=地球の半径)の二乗に反比例する。一グラムの物体にかかるその力を「重力加速度」とよび、G(ジー)と記す。一Gの値は980 cm/s^{2}ほどだ。

ところで地球は自転しているので、地表の物体はぶん廻しのような遠心力で地球からふり離されそうになるはずだ。この遠心力加速度は、回転軸からの距離に比例し、回転速度の二乗にも比例する。

その加速度の最大値(赤道値)を計算してみると3.5×10^{-3}G、つまり一Gの約三百分の一。これは一Gに比べてはるかに小さいので、赤道上に物を置いても地球から離れ去ることはない。

しかし、もし地球が三時間に二廻りという高速回転をはじめるとどうだろう。赤道上での遠心力加速度が一Gと等しくなり、地球は赤道付近から壊れはじめることになる。

ここまで来ると、読者兄姉にも、筆者の意図が奈辺にあるか推察いただけたろうと思う。

そう！　パルサー周期で回転させても、白色矮星や中性子星が壊れずに無事存続できるか？　それが問題だ！

まず白色矮星から――

前記のパラメターを使って計算すると、表面での重力加速度は 5.5×10^5 G。また星が壊れはじめる回転周期は六秒となる。当初観測されたパルサーの周期はすべてこの値より短い。さらに一九六八年秋にいたり、超新星跡であるVela X（ほ座）と、かに星雲（牡牛座）にパルサーが見つかり、周期がそれぞれ八九ミリ秒と三三ミリ秒、それまで知られていたパルサーのどれよりもはるかに短いことが確認された。

そして〈パルサー白色矮星説〉はこの期におよび完全に消滅した。

では中性子星はどうだろうか――

計算によると中性子星表面での重力加速度は 1.4×10^{11} G、地表値の千四百億倍となる。この強靱な引力のおかげで高速回転にともなう遠心力にも耐えることができ、星が壊れはじめる回転の周期は〇・五ミリ秒と些少な値をとる。この値は最初の四つのパルサーの回転周期よりははるかに短いのみならず、三三ミリ秒の最速かに星雲パルサーをもうまく取りさばくことができる。

〈パルサー回転中性子星説〉はこのような経緯で誕生した。

ところで、中性子星表面の重力加速度が地表の千四百億倍とは、とんでもない話だ！中性子星表面でのわずか一ミリメートルの隆起も、地球表面に換算すると、じつに高さ一億メートル以上の障壁にあたる！

蟻ん子がうろたえるのも無理からぬことだ！

一九七一年 X線パルサー——重力エネルギーの開放

一九六七年の暮から一九七〇年にかけて、それこそ疾風怒濤のように次々と発見されたパルサーは、例の〈かに星雲のパルサー〉を除いて、すべて電波のみのパルスを発信する天体であった。ところが一九七一年になって、X線のパルサーがケンタウルス座（Centaurus）やヘルクレス座（Hercules）に見つかり、それぞれ、星座名を冠して、Cen X-3, Her X-1と名づけられた。パルスのくり返し周期は、Cen X-3が四・八四秒、Her X-1が一・二四秒、これはパルサーの自転周期にあたる。だからX線パルサーは電波パルサーと同様に高速で自転する天体だと推測できる。

先の【中性子星表面の蟻ん子】の調べによると、このような天体は中性子星しかなさそうだ。

電波パルサーは、以前にも話したが、回転する磁気中性子星仮説で説明できる。

ではX線パルサーにもその仮説が当てはまるだろうか？

この問題を考えるため、観測で見いだされたX線パルサーの特徴をやや詳細に眺めよう。

X線パルサーの放射するエネルギー強度が10^{30}－10^{31} Wと、並大抵でないことにまず着目する。太陽の放射率は4×10^{26} Wだから、それはまさに「千の太陽より明るく」だ。これに対し、電波パルサーの王様 かに星雲のパルサーでさえ、その放射強度は3×10^{23} Wほどだ。

次に、X線パルサーは二つの星が組み合わさった連星を形成し、その重心の周りを〈公転〉していることがわかった。公転周期の実測値は、Cen X-3で二・一日、Her X-1で一・七日、それらは地球の公転周期（約三六五日）と比べ、はるかに短いことに注目する。

どうして公転していることがわかったかって？　その証拠は二つある。

第一に、X線パルスが到着する時間間隔に周期的なズレが観測された。これは専門用語でドップラー効果とよばれるもの。パルスを出しながら公転するX線天体が、地球（観測者）に近づきつつあるときはパルス間隔がつまって見え、遠ざかるときには離れて見えるので、この観測データから天体の軌道運動の特徴を知ることができる。細かな解析から、パルサーはほとんど完全な円軌道を画き、われわれはその軌道面に近い方角から観測していることがわかった。

もう一つの興味深い観測データ、それはX線のパルス信号が公転周期のある位相でまったく受信されなくなることだ。それは、小さな中性子星が半径にして太陽の数倍もある巨星の周囲を公転しながらその星の背後に隠れる現象、すなわちX線星蝕を意味する。

この観測からも、X線パルサーが連星の一員であり、相手の星は赤色巨星とよばれる太ッチョの星であることがわかった。

だから、ひとくちに「パルサー」といっても、X線と電波とでは大違いだ。

まずX線パルサーは電波パルサーより百万倍も強力にエネルギーを放射する。またX線パルサーは連星系の一員だが、電波パルサーは孤立の天体だ。

つまり、X線パルサーについては回転する磁気中性子星仮説を大きく改めねばならぬ。

この際のキーワードは「降着」だ。それは、連星系で片方の星の大気（通常は電子やイオンの集合としてのプラズマ）がもう片方の星の引力に引かれ、その表面に降り積もる現象を指す。

連星の運動は〈ケプラーの法則〉にしたがう。

この法則については、第1章の【愛と憎しみの相克する宇宙】で「なぜ地球は万有引力に引かれて太陽に落ちて行かないのだろう?」と考えたときのことを思い出そう。そのときの答えは、地球は太陽の周りを回っており、その運動のはずみからくる遠心力が万有引力とつり合うので、地球は太陽に落ちない、とのことであった。

連星の場合、万有引力は連星両質量の積に比例し、連星間の平均距離の二乗に反比例する。一方、遠心力は連星の換算質量と連星間の平均距離の積に比例し、公転周期の二乗に反比例する。換算質量とは両質量の積を両質量の和で割ったものだ。

これらを組み合わせ、万有引力と遠心力とのつり合いの条件から——連星の公転周期の二乗は、連星間距離の三乗に比例し、両質量の和に反比例する——という、〈連星系のケプラーの法則〉を導くことができる。

X線パルサーについては、公転周期が短いので連星間距離も小さく、千万キロメートルほどの値をとる。太陽の半径が百万キロメートルほどなので、それより太ッチョの赤色巨星相手では、中性子星はその大気圏に近いところを周回している感じになる。

このように星間距離が異様に短いのを「近接連星系」とよぶ。近接連星系の周りの空間に物質(プラズマ)を置くと、それは、

1　いずれかの星の引力に引かれ、その星に降着する
2　連星系のすばやい公転に伴う遠心力に振り回され、連星系外にとび去る
のいずれかだ。

赤色巨星ではこの1が起こる重力圏と星自体のサイズがほとんど同じで、そのため星の大気圏にあるプラズマが溢れ出し、中性子星の重力圏に落ち込む。

それがとりもなおさず〈降着現象〉だ。


結論を話そう。X線パルサーの放射は赤色巨星の大気プラズマが中性子星の磁力線に沿って降着し発生する。

磁極付近の降着プラズマは、中性子星表面の超強力な重力加速度の作用で、数千万度から一億度近くの超高温に加熱され、その熱放射がX線として観測される。というのは、前節でも述べたように、中性子星表面の重力加速度は、なんせ蟻ん子もうろたえたほど強力で、一ミリメートル落ちると地球上で一億メートル以上の高さから落っことしたのと同じ効き目があるからだ。

X線パルサーの発する甚大な放射エネルギーの源は、じつにこの中性子星の及ぼす、とてつもなく強力な重力加速度によるものなのだ。

連星系パルサーからの重力波——一般相対性理論の実証

アインシュタインが一九一五年に発表した一般相対性理論には、加速運動をしている質量は重力波の形でエネルギーを放出するはずだという、驚くべき予測が含まれていた。

重力波というのは、身近な音波や電磁波などと同様、力の場が時空を振動的に伝搬する現象である。この場合の力は二つの質量の間にはたらく万有引力だ。ただし、この力はきわめて弱く、「地球がその全質量を懸けて引っ張っているのに、磁石にくっついた虫ピンさえも落とせない」といわれるほどである。

だから、重力波そのものはきわめて微弱で、また物質との相互作用も弱いので、アインシュタイン自身それを検知できるかどうか疑問視していたほどであった。

つまり、重力波検知の鍵は、きわめて強い重力場の時間的・空間的な変動を探知することにあるといえる。

【中性子星表面の蟻ん子】で計算したように、中性子星は地表値の千四百億倍という強烈な重力場をもつので、一般相対性理論によると、加速運動にともない検知可能な量の重力波を放出しそうだ。
一九七四年、プリンストン大学のジョセフ・テーラーと、当時マサチューセッツ大学アマースト校の大学院生であったラッセル・ハルスは、プエルトリコのアレシボにある千フィート〈約三〇五メートル〉の電波望遠鏡を使い、この予測を試すのに最適の天体〈連星系パルサー PSR 1913 + 16〉を、天球上で、赤経一九時一三分、赤緯＋一六度、つまり、わし座内に発見した。それは、他の大多数の〈孤立系〉パルサーとは異なり、電波を出すパルサーと電波を出さぬ伴星とからなる連星となっている。

PSR 1913 + 16 のパルスくり返し周期を決める中性子星の自転率は毎秒一六・九五回転である。パルサーの公転運動のありさまは、パルス到着時間のドップラーシフトから推測できる。というのは、パルサーが地球に近づきつつあるときは、信号のパルス間隔がつまって、パルスが多めに受信され、遠ざかりつつあるときは、パルス間隔がまばらとなり、パルスが少なめに受信されるからだ。つまり、連星系のパルサー軌道は、ドップラーシフトを注意深く測定し、一般相対性理論の予知する微妙な重力効果を組み合わせることにより推定できるのだ。
このような解析の結果、パルサーとその伴星はともに太陽の一・四倍の質量をもつ中性子星であり、両者間の距離が太陽半径の一・一倍から四・八倍の間で変化する楕円軌道を、七・七五時間の周期で描くことがわかった。

だからPSR 1913＋16は、中性子星に付随する強烈な重力場が、公転にともない周回速度ベクトルの向きと大きさが変化する加速運動を行い、その結果、重力波の形でエネルギーが放出されると考えられる。

しからば、PSR 1913＋16の重力放射について、観測上の証拠やいかに！

連星系パルサーからの重力放射に必要なエネルギーの源は、公転運動のエネルギーにある。重力波が発生し、連星系からエネルギーを持ち去れば、公転運動のエネルギーはしだいに減少し、そのため、パルサーとその伴星が渦巻状に回りながら互いに近づき合い、公転周期も短くなるはずである。

連星系パルサーの質量と軌道定数がわかっているので、一般相対性理論の方程式を使って予期される重力放射の強さを計算し、それを用いて軌道の収縮率や公転周期の減少率を正確に評価することができる。そのような計算によると、一回の公転につき、軌道は三・一ミリメートルずつ縮み、公転周期は6.7×10^{-8}秒の割合で減少することが推定され、軌道の収縮は一年に三・五メートルにもなる。

とはいえ、パルサーと伴星とが、太陽や水星と同じくらい地球に近く、太陽や水星と同じくらい観測が容易だとしても、その程度の軌道収縮を検知する手だてはない。

しかしながら、連星系パルサーの公転周期が減少する度合いは測定にかかるのだ。

というのは、公転周期が不変であると仮定した場合に比べ、公転周期が減少する場合には近星点（＝公転軌道上でパルサーと伴星が最接近する点）を通過する時間の偏移が積算されるからだ。

だから、パルサーは、一年経つと〇・〇四秒早く近星点に到着するようになるが、六年後には一秒以上も早く到着するようになると考えられる。

このように、パルサーは、はじめは正確な時間を示しているが、調整が悪いため進みはじめ、それ以後はどんどん速く進み続ける時計のような動きをし、その誤差は積もり積もって急速に増大する。つまり、連星系パルサーでは、加速度効果のため、その偏移は経過した時間の二乗に比例して大きくなるのだ。

一九七四年に発見されて以来六年以上にわたりPSR 1913 + 16の観測が続けられた結果、図2・3に示すように、近星点を通過する時間は軌道上で実際に進み続け、一般相対性理論の予測とほとんど同じ割合で加速が進んでいることがわかった。

この観測結果は、これまでのところ、重力波の放射についてもっとも説得力のある証明になって

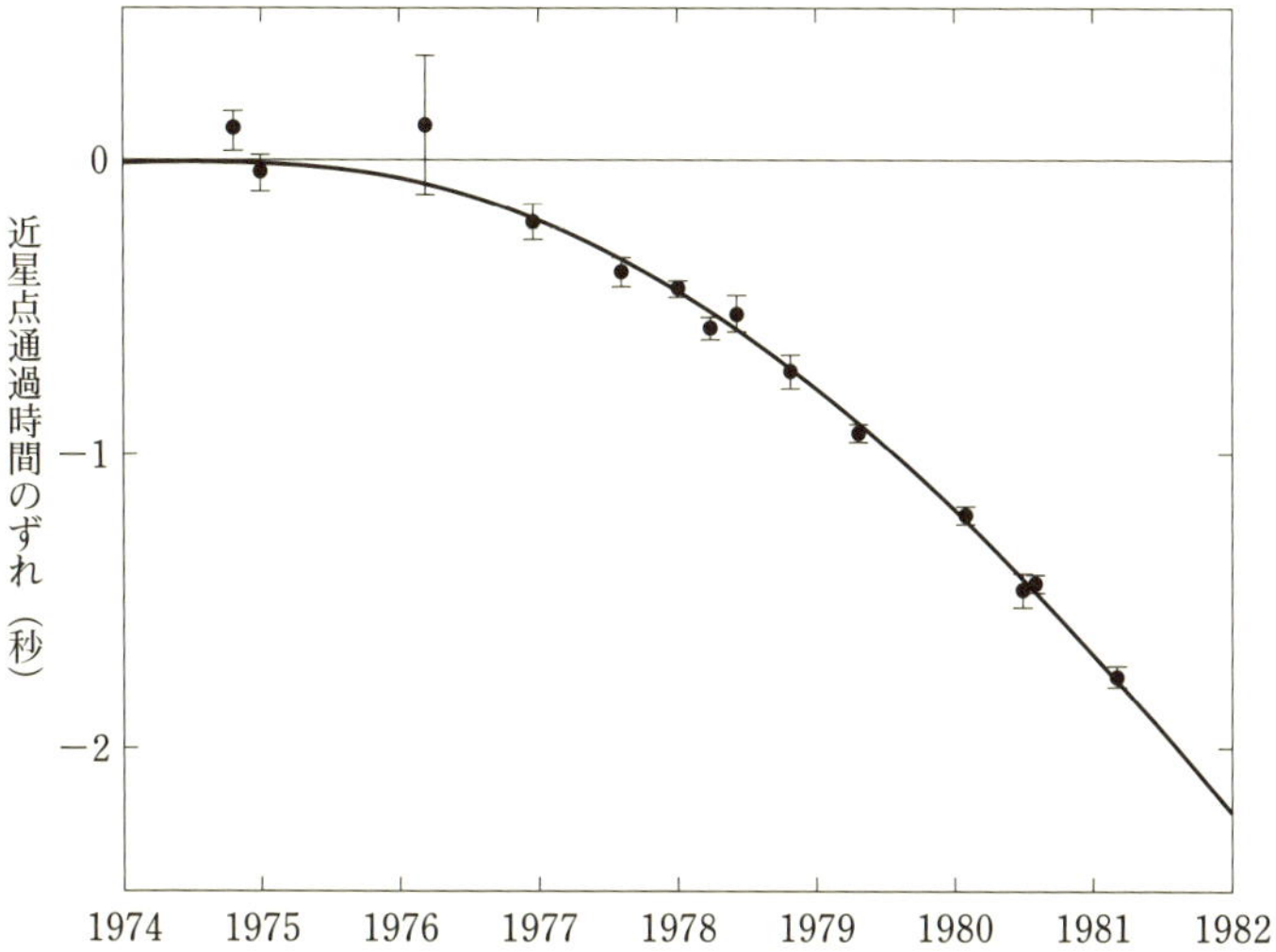

図 2.3　PSR 1913+16 による重力波の放出

重力波が放出されている連星系では，軌道周期が一定に保たれている仮想的な系と比較して，近星点の通過時刻のずれが増加する．曲線は一般相対性理論で予知されたずれ，点は観測されたずれである．パルサーが近星点に到達する時間は，軌道周期が不変であったと仮定した場合に比べて，５年間で１秒以上も早くなっている．このデータは，重力波の存在についてのもっとも強力な証拠となった(J. M. Weisberg, J. H. Taylor and L. A. Fowler, *Scientific American*, Vol.245, 81（1981）より).

いる。

また、公転周期の減少率は、アインシュタインの理論に代わるものとして発表された他のいくつかの近代重力理論の予測とは合致しないようだ。

そのようなわけで、アインシュタインが重力波の存在を予言してから六六年たって、それをはっきりと証拠づける観測実験が行われた。

重力波自身はきわめてとらえ難く、まだ直接には検知されていないが、その存在の証拠はPSR 1913 + 16の公転軌道上に書き記されているとみてよい。

一九九三年、ハルスとテーラーの両氏は、「重力の研究に新しい可能性をもたらした新種のパルサーの発見」の功績により、ノーベル物理学賞を受けた。

3　ブラックホール——莫大な重力エネルギーの関わる天体現象

白鳥座のブラックホール——初めてのブラックホール

白鳥座（Cygnus）は天の川に浮かぶ美しい星座である。星の配列が白鳥の飛ぶさまに似ており、主な輝星を結ぶと十字架の形をなすので「北十字」ともよばれる。隣には天の川を挟んで七夕の牽牛星（わし座）と織女星（こと座）が位置し、北斗七星（おおぐま座）やW形のカシオペア座などとともに、夏から秋にかけての澄んだ夜空を彩る。

その白鳥座にブラックホールが宿る。Cyg X-1とよばれるX線天体のことだ。【一九七一年　X線パルサー】で話したCen X-3やHer X-1と同じく一九七一年に発見され、それらと同様、星座名を冠してそう名づけられた。

〈ブラックホール〉とは、重力が強くて光さえもがその内向きにしか伝搬できない地平線の面の存在する特殊な時空構造のことをいう。質量（M）の外部の重力場を一般相対性理論で記述すると、〈シュワルツシルト半径〉

$$R_B = 2GM/c^2$$ （G：万有引力定数、c：光の速さ）

の面はこの性質をもつ。つまり、この半径より内側では過大な重力場の作用で光といえども逃げ出せず、それがブラックホール命名の由来となった。

いま、Mを太陽の質量（2×10^{30} kg）ととると、シュワルツシルト半径は三キロメートルとなる。太陽自体の半径（七十万キロメートル）はもとより、質量がほぼ太陽と同じ白色矮星（半径約五千キロメートル）や中性子星（半径約十キロメートル）のようなコンパクトな天体でも、実半径がシュワルツシルト半径を超えるので、ブラックホールではない。

つまり、ブラックホールは、格段に質量密度が高く、したがって、きわめてコンパクトな天体を意味する。

Cyg X-1は初めてブラックホールと認定された天体だ。

では、どんな観測データからCyg X-1がブラックホールと認められたのだろう。

鍵はCyg X-1の質量だ。その観測推定値により、Cyg X-1の外部重力場がシュワルツシルト半径を備えることが示されたのだ。

その道筋を振り返ってみよう。

まず、Cyg X-1はHDE 226868という星と組んで、公転周期五・六日の近接連星系を構成することが、望遠鏡による観測を通じて明らかになった。

その理由は、星の光スペクトルの吸収線に公転運動を示すドップラー効果が検知され、また、星の外気からCyg X-1に降着する物質（プラズマ）からの輝線に、星の公転とは逆位相のドップラー効果があらわれたからだ。

Cyg X-1は、Cen X-3などと同様、その放射X線強度が10^{30} Wを超える。放射にパルサーのような周期成分はもたぬが、その強度は秒以下の時定数で変化し、さらに細かく測定すると、数百マイクロ秒（百万分の一秒）で激しく変動する成分も観測された。

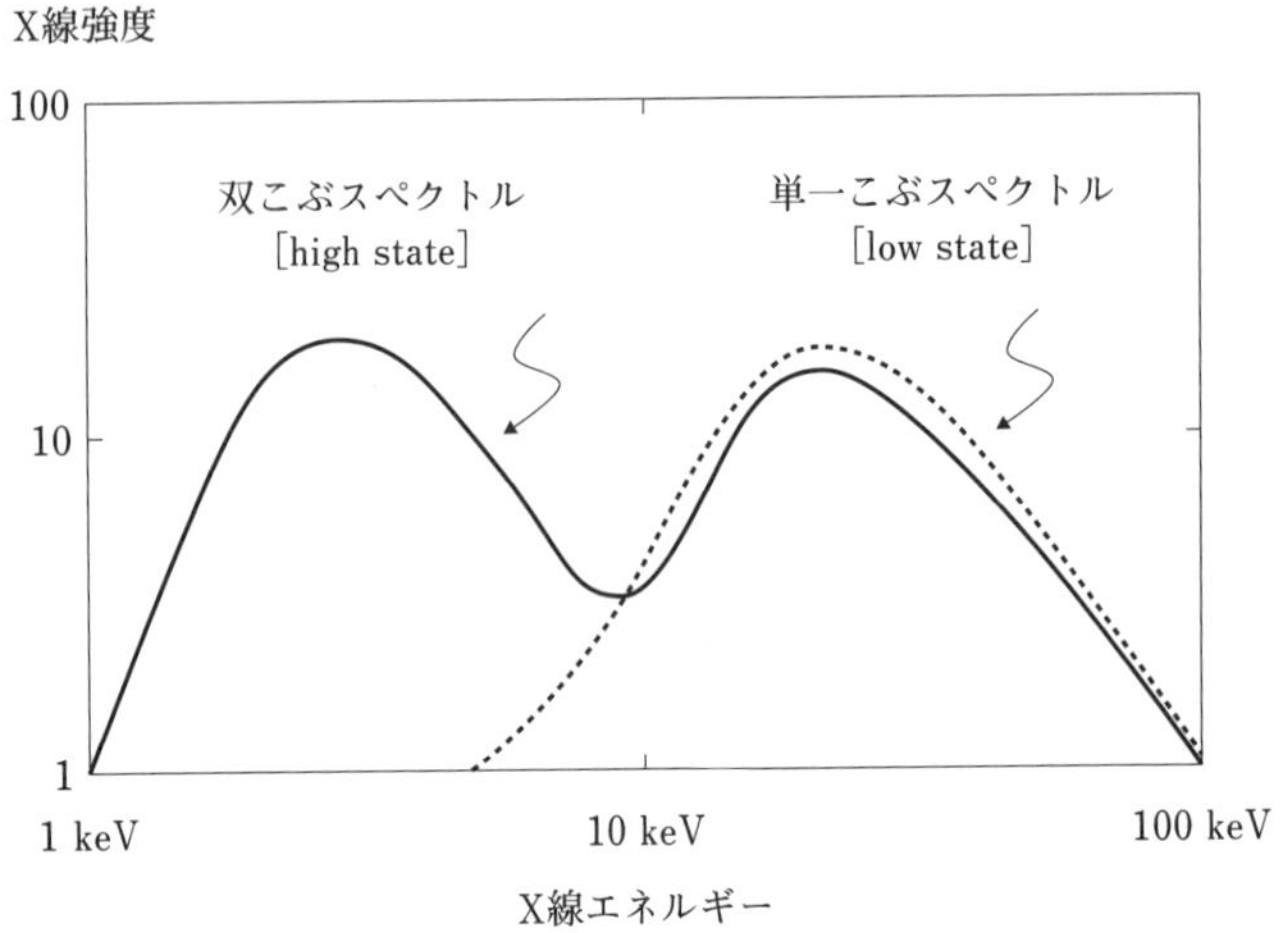

図 3.1　Cyg X-1 の二面相スペクトル

Cyg X-1 が放出するX線のエネルギースペクトルについて、次のような目だった事象が観測された（図3・1参照）。

まず、一九七一年に初めて観測で見いだされた頃のスペクトル形は、数キロ電子ボルト（keV）付近と数十キロ電子ボルト付近の二カ所にピークをもつ、双こぶ構造であった。

ところが、一九七一年の四月初旬、数キロ電子ボルト付近のピークがほぼ一日の間に消滅した。この単一こぶ状態は一九七五年四月半ばまで続いたが、その後、四月下旬まで一〇日ほどかかって、スペクトルは双こぶ構造に復帰した。

そして、五月のはじめにはまた一日ほどで単一ピークになり、その後もこれら二つのスペクトル相間の転移を幾度かくり返している。

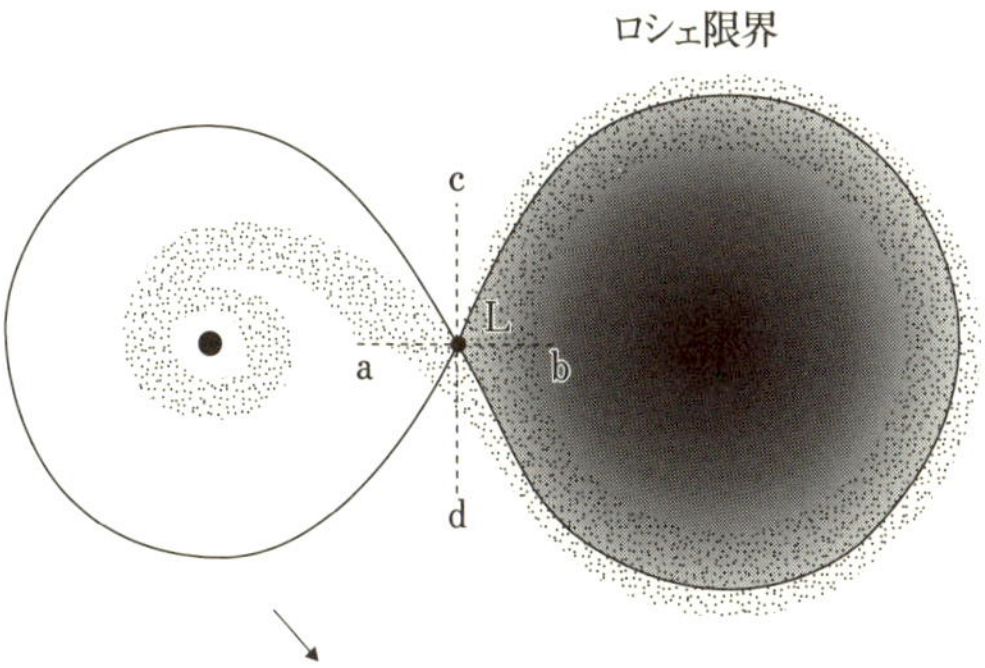

図 3.2　近接連星での降着

これらの観測データを解析する際には、近接連星系での降着を理解することが有用だ。そこで図3・2を使ってその描像をやや詳しく解説しよう。

連星の座標系におかれた物質には二種の力がはたらく。星に引かれる重力（万有引力）と、連星系の公転にともなう遠心力だ。連星系から遠いところでは遠心力が勝って物質をはね飛ばすが、星に近いと重力で物質を引きつける。

そこで遠心力と重力を合わせた実効的な力について等ポテンシャル面を定義する。山歩きにおける、地図の等高線のようなものだ。

図3・2に示すように、それら等ポテンシャル面のうち両方の星を囲む最小のものをロシェ（Roche）限界とよぶ。ポテンシャルはa–bの線に沿ってLで極大値、c–dではLで極小値をとる。

つまり点Lはポテンシャルの鞍点となる。山道では峠だ。

図3・2で、もし右の星がロシェ限界を満たすと、そのプ

ラズマ状の外気はロシュ限界を越え、点Lの峠道を通ってあふれだし、片方（左側）の星の重力圏に落ちる。

左がブラックホールや中性子星のように高密度でコンパクトな星であれば、引き込まれたプラズマは落下する際に星から大きな重力エネルギーを受け、温度を上げ、強力なX線を放射するようになる。


Cyg X-1とHDE 226868の連星系の観測から、Cyg X-1は近接連星系のブラックホールであるとの結論が導かれた。

その経緯は――

まず、HDE 226868の吸収線の示すドップラー効果から、ケプラーの法則により、連星系の総質量と公転運動の特徴が抑えられた。さらにHDE 226868のスペクトル型から、その半径と質量の関係を推し量ることができた。

次に、HDE 226868自身の重力圏をその外気がほぼ充満し、そこからCyg X-1に降着していくプラズマ流が観測されているので、この星は自分自身の重力圏とほぼ同じサイズをもつと見られる。

これらの観測結果を組み合わせ、Cyg X-1の質量は太陽質量の九倍より大きく一八倍より小さいと推定された。

Cyg X-1は数百マイクロ秒ほどの短い時定数で激しい変動を示すので、その本体は極小サイズの超高密度星と考えるのが自然だ。いまのところ、その候補は、コンパクトな白色矮星、よりコンパクトな中性子星、そして最もコンパクトなブラックホールの三種しかない。

星の構造的安定性のためには、星を周囲から圧縮しようとする外圧と中から支えようとする内圧のバランスが必要である。

外圧は質量間の万有引力に起因し、星の質量とともに増大する。星が球形を保つのはこの圧縮力による。しかし、第1章冒頭の【愛と憎しみの相克する宇宙】でも話したように、この力だけでは星は陥没し崩壊してしまう。

この陥没を防ぎ、星の構造を内部から支えるのが内圧だ。

白色矮星の内圧は物質中の電子群が担うので、安定性のためには〈チャンドラセカール限界〉と名づけられる質量の上限があり、それは太陽の一・四六倍の値をとる。いいかえると太陽の一・四六倍以上の質量をもつ白色矮星は、安定に存在し得ないのだ。

中性子星の内圧は中性子を主成分とする超高密度の核物質が担う。この場合、そのような核物質のもたらす圧力の評価に理論上不確定の要素はあるが、質量の上限値は太陽の三倍程度といわれている。

だからいずれにせよ、Cyg X-1 のように太陽質量の九倍以上では、白色矮星も中性子星も安定には存在できず、残るはブラックホールのみという結論に到達する。

では、そのような近接連星系のブラックホールに降着するプラズマはどのように振舞うだろうか？ そして、その振舞いが図3・1で観測されたX線スペクトルの二相間転移とどのように結びつくのだろうか？

次の節でこの問題を考える。そうすれば〈Cyg X-1 ブラックホール仮説〉を、さらに別の側面から証拠づけることができそうだ。

ブラックホールは二面相——超強力な電磁放射がからむ熱不安定性

白鳥座のX線天体 Cyg X-1 が、その質量の観測値からブラックホールと認定される道程は、前節で話した。

Cyg X-1 の放射強度は、太陽の数千倍、10^{27} kW を超える。そして、そのエネルギースペクトルに、図3・1に示した、二相性の目だった特徴が観測された。いうなれば、ブラックホールは〝二面相〟なのだ。

三十年あまり前、筆者はCyg X-1スペクトルのこれら二相間転移を理論面から明らかにする論文「降着円盤の二相挙動：理論とCyg X-1転移現象への応用」を、米天文学会誌『アストロフィジカルジャーナル』（Vol. 214, 840–855（1977））に発表した。そして、その論文中で、近接連星系のブラックホールに降着するプラズマの振舞いとX線スペクトルの二相間転移との関連を探究し、Cyg X-1ブラックホール説の実証へと結びつけた。

この際のキーワードは〈降着円盤〉だ。

前節で、図3・2を参照しながら、近接連星系での降着によるX線放射を説明した。ここではその考えを当面のCyg X-1とHDE 226868の近接連星系に応用する。

まず、連星系の質量や星間距離などから、Cyg X-1の重力圏の外縁がその中心から10^{12} cm（千万キロメートル）程度の距離にあり、HDE 226868からのプラズマは、それを越えて降着することに留意する。

次に連星系の公転にともない降着プラズマも、Cyg X-1に対し回転の角運動量をもつことを考えにいれる。その場合、角運動量をもちながらブラックホールの重力場に引かれ落ちるプラズマは、回転軸に垂直な面に集まり、円盤を形成するようになる。

これが降着円盤だ。

私たちに身近な例では、土星の環が（降着ではないが）そのような円盤とみることができる。

次に、図3・3を使って、降着円盤の二相性の話をする。図は二種の降着円盤の断面を描いたものだ。

Cyg X-1の重力圏の外縁は千万キロメートルほどの距離にあり、HDE 226868からのプラズマは、それを越えて降着し、Cyg X-1に引かれ落ちながら、回転軸に垂直な面に集まり、円盤を形成する。Cyg X-1の二相性は、降着円盤の形成がはじまる領域（図3・3の 3×10^{11} cm）でのプラズマの温度や密度により決まる。

一般に、高密度の物質は放射の効率が高いことに留意する。それは、密度が高いと放射と物質の結びつきも密になるからだ。また、温度が高ければ、放射の量も当然大きい。

もし図3・2の鞍点Lを越えるプラズマの流入量が少なければ、円盤形成領域に到達するプラズマの密度も小さい。ところで、プラズマはブラックホールに引かれ落ちながら重力で加熱されるが、密度が小さいため放射による熱の発散効率が悪く、プラズマの温度が上がり、円盤は希薄で膨れ上がった状態をとる。そして、ブラックホール近傍での超高温プラズマから、図3・1にみる単一こぶの高エネルギーX線を放出する。

図3・3に描かれた〈膨れ上がった円盤〉がこの相だ。

降着円盤に流入するプラズマの量が少ないので、放射X線強度は弱く〝低状態〟(low state)をとる。

他方、もし鞍点Lを越えるプラズマの流量が大きければ、円盤形成領域に到達するプラズマの密度は高い。

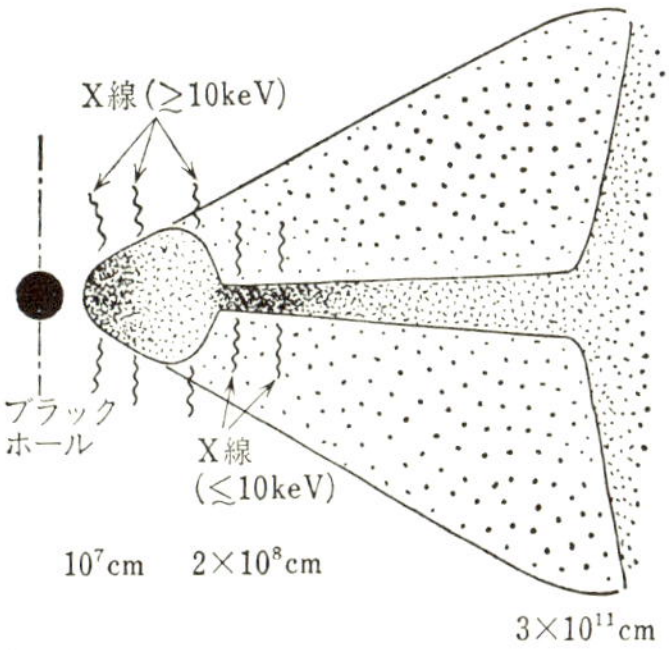

図 3.3 降着円盤の二面相(和田昭允編,『現代物理学の展望』(東京大学出版会,1979),p.96 より)

プラズマはブラックホールに引かれ落ちながら加熱されるが、放射の効率が高いためプラズマの温度はあまり上がらず、円盤は厚みが薄く高密度の状態をとる。ところが、プラズマがブラックホールに近づき(図3・3の2×10^8 cm)、重力がきわめて強くなると、放射のみでは重力エネルギーの解放分をさばききれず、プラズマの温度が上がり、厚みが膨れ、密度が下がり、放射効率が下がり、温度がさらに上がり、膨れ、密度が下がり、……と、一種の

〈熱的な不安定現象〉を起こし、先の単一こぶ相の円盤状態に合流する。

これが図3・1に示す双こぶスペクトルの円盤状態だ。

図3・3の円盤で、数キロ電子ボルト付近にピークをもつX線は不安定直前の高温高密度のプラズマから、また数十キロ電子ボルト付近にピークをもつX線はブラックホール近傍の超高温プラズマから放出される。

この場合、降着円盤に流入するプラズマの量が大きいので、X線放射の強い〝高状態〟(high state)をとる。

降着プラズマがCyg X-1のシュワルツシルト半径(百キロメートルほど)に近づくと、中性子星の表面強度をはるかに超える強大な重力加速度の作用で高温に加熱され、激烈なX線を放射する。このX線のエネルギーは、さらに高温プラズマへフィードバックされ、降着円盤の熱的不安定性を誘起し、それもCyg X-1スペクトルの二相性の要因となる――と考えられる。

だから、ブラックホールに固有のシュワルツシルト半径近傍での超強力重力場が、X線放射スペクトルの二相性と結びつくこととなる。

あれから三十数年がたった。

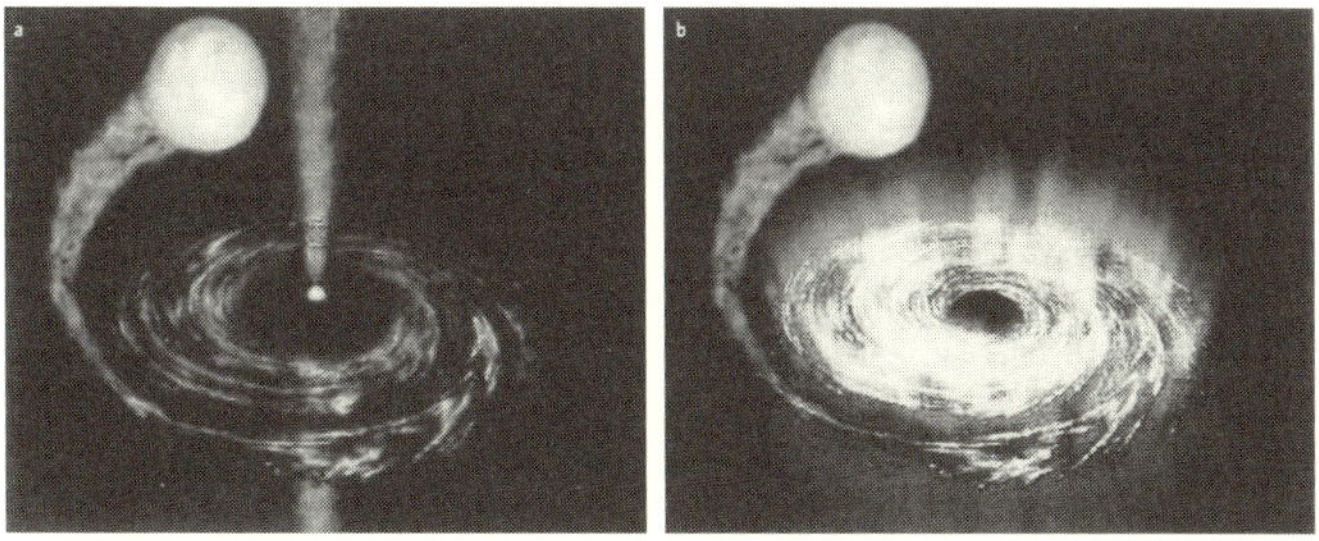

図 3.4　降着円盤の二面相（D. Proga, *Nature,* Vol.458, 415（2009））

二〇〇九年、科学誌『ネイチャー』（Vol.458, 481–484（2009））に、ハーバード大学のニールセンとリーが、レター論文「降着円盤の風がマイクロクェーサー GRS 1915 + 105 のジェット抑制にはたらく」を発表した。GRS 1915 + 105 は、Cyg X-1 と同様、ブラックホール（太陽質量の一四倍）と恒星（太陽質量の〇・八倍）の連星系で、そこからやはり双こぶ–単一こぶ間の二相転移が観測されたとの報告だ。図３・４は、その号に載っていた、単一こぶ状態（左）と双こぶ状態（右）の説明図で、図３・２と３・３を絵に画いたものと見ることができる。

なお〝ジェット〟というのは、図３・３の〝膨れ上がった超高温プラズマ〟の一部がブラックホールに吸い込まれず、軸方向に噴出する現象のことで、図３・４の左では見られるのに、右では消えている。

〈二面相ブラックホール〉はいまなお健在だ。

巨大な〝石臼〟ブラックホール——超強力なγ線放射

太陽は、わが地球にくらべ、半径で一〇九倍（7.0×10^5 km）、質量で三三万倍以上（2.0×10^{30} kg）もある大きな天体だ。

その太陽の百万倍もの質量のブラックホールが、太陽ほどの恒星を 3×10^6 km ほどの近距離（＝シュワルツシルト半径）に引きつけ、その及ぼすきわめて強い重力（＝万有引力）の〝石臼〟作用で、その恒星を〝粉々に〟すり潰し、〝残渣〟のプラズマを、自らの重力圏に吸い込む——こんなことが宇宙で起こっているかもしれぬ——と思い巡らした理論家が、じつは少なからずいる。——戦後もまもない食糧難のころ、とうもろこしや雑穀を、もうすこし小ぶりの石臼で挽き、飢えを凌いだのを思いだす。

ところがこの、まるで巨大な石臼のようなブラックホールのはたらきが、実際に観測されたかもしれぬ——いや、もうすこし正確には、そのように思わせる観測データが、科学誌『ネイチャー』（二〇一一年八月二五日号）中の二編のレター論文「巨大なブラックホールの潮汐作用が星を破砕し、相対論的ジェット流を放出」と「異常なγ線過渡現象 Swift J 164449.3 + 573451 中で相対論的な流出の生起」で報告された。ここでいうスウィフト（Swift）とは、宇宙の彼方で時たま炸裂する〈γ線バースト〉なる現象を検知するため打ち上げられた観測衛星のことである。

二〇一一年三月二五日、スウィフト衛星が従前のγ線バースターとは明らかに異質のシグナルを宇宙の一角から検知した。

γ線バースターは、通常十秒程度のγ線（数十キロ電子ボルト）や硬X線（十キロ電子ボルト近傍）の突発と、それにつづく緩やかな減衰が特徴だ。

対するに、このたびの観測は、一カ月以上におよぶきわめて強力で激しい変動をともなうシグナルを記録した。シグナルの出所は私たちから六十億光年の宇宙論的彼方であろうと推測されている。

検知されたX線（1–10 keV）の強度は、通例このようなバーストで予期される値の一万倍にも達した。そのピーク値はなんと 10^{41} W、それは太陽の全輝度 3.85×10^{26} W の二百六十兆倍に相当する。さらに、その一カ月あまりで放出されたX線の全エネルギーを積算すると $\sim 2 \times 10^{53}$ erg、それは太陽が現在の輝度でエネルギーを放出しても一兆年以上かかる量である。

加えて、γ線やX線のみならず、可視光（数電子ボルト）や電波（波長 0.1 mm–10 m）にわたる広範囲な電磁波のシグナルが検知されたのも注目に値する。

このように、高エネルギー領域から長波長領域と広範囲にわたる電磁波による莫大な量のエネルギー放出を可能にするメカニズムとして、冒頭に述べた巨大なブラックホールの超強力重力場のもたらす石臼効果が考えられる。

その効果を調べよう。

まず、巨大なブラックホールを想定する。

このこと自体には問題ない。

というのは、わが太陽系が属する〈天の川銀河〉の中心部にも太陽の数百万倍の質量をもつブラックホールがいることが証明されており、また、宇宙空間には〈活動的な銀河核〉とよばれる、太陽の百万倍から十億倍の質量のブラックホールを中心部にもつ銀河系が多数見いだされているからだ。

次に、ブラックホールには一般相対性理論からくるシュワルツシルト半径（R_B）が附随し、この半径にいたると光さえも逃げ出せないほどブラックホールの重力場が強くなることに留意する。

いま、ブラックホール（質量M_B）から距離 R （$> R_B$）のところに、太陽のような恒星（質量M_S、半径R_S）を近づけた場合を考える。

前にも述べたが、星は水素を主成分とする巨大なガス球だ。しかも高温なので、水素はその原子核である陽子と電子とがバラバラに分かれたプラズマ状態にある。

そのプラズマが球体を保てるのはひとえに星の質量が及ぼす万有引力の所為だ。ちなみに、わが地球の表面にもわずかながら大気の層が存在し得るのは、やはりこの万有引力のお陰だ。

さて、万有引力の強さは、質量に比例し、距離の二乗に反比例する。だから、恒星のブラックホールに面する側（引力～$M_B/(R-R_S)^2$）はその反対側（引力～$M_B/(R+R_S)^2$）より強い引力を受ける。

そして、もしその差分が恒星を球体に保とうとする恒星自身の万有引力（～M_S/R_S^2）を有意に超えれば、恒星を引き伸ばし、引きちぎり、終にはプラズマにすり潰すという、ブラックホールの石臼効果が現れる。

そのための条件は、

$$R < R_S\ (M_B/M_S)^{\frac{1}{3}}$$

だから、太陽の百万倍もの質量をもつブラックホールが、太陽ほどの恒星をすり潰すためには、

$$3 \times 10^6\,\mathrm{km} < R < 7 \times 10^7\,\mathrm{km}$$

ということになる。いわば、この領域が石臼ブラックホールの〝恒星すり潰し孔〟にあたる。星をすり潰して得られた大量のプラズマは、前節【ブラックホールは二面相】で解説したように、ブラックホールへの降着円盤を形成する。

そして、ブラックホールに吸収される直前に、シュワルツシルト半径近傍の強い重力場で超高温に加熱され、X線やγ線など高エネルギーの電磁波を大量に放出する。

また、降着円盤自身が巨大なアンテナの役割をはたし、指向性のある電波ビームを放射する。右に述べたこれらのメカニズムにより、巨大なブラックホールはその超強力重力場による石臼作用で、高エネルギー領域から長波長領域にいたる広い領域での莫大な電磁波エネルギーを放出させると考えられる。

4　ニュートリノとクォーク――宇宙の素粒子

ニュートリノ――謎の素粒子、その質量は？

二〇〇二年のノーベル物理学賞は、リカルド・ジャコーニ博士、レイモンド・デーヴィス博士、小柴昌俊博士に贈られた。ジャコーニさんはX線天文学、またデーヴィスさんと小柴さんは宇宙からのニュートリノの検出について、それぞれ先がけとなる業績をあげた功績による。

X線は光や電波などと同じく電磁波の一族だ。X線天文学については、第2章の【一九七一年

X線パルサー】などでお話した。

でも〈ニュートリノ〉となると話は別、おなじみの方はあまりおいでにならないようだ。むしろ「ニュートリノってなに?」というのがおおかたの反応だろう。

ニュートリノはその発見から在りようにいたるまで、じつに多くの謎につつまれた粒子なのだ。

では、ニュートリノの戸籍調べからはじめよう。

ニュートリノはレプトンとよばれる微細な素粒子の一種で、お仲間に電子やその反粒子である陽電子などがいる。

ところで、そんな微粒子が存在するなんて、どうしてわかったの? そこには次のような事情があるのだ。

前世紀はじめ、キュリー夫人が発見したラジウムなど放射性元素は、α、β、γ三種の放射線を出す。ニュートリノに関係あるのはそのうちのβ線——それは電子の流れだ。そして原子核が電子を放出し、原子番号が一つ大きい元素に変わる過程をβ崩壊とよぶ。

一九三〇年、W・パウリは、原子核のβ崩壊に際しニュートリノが介在すると仮定し、それを通じてエネルギーなどの保存則を考えた。

こえて一九三二年、中性子が発見され、β崩壊の基本形は、中性子(n)が陽子(p)と電子

（e）それにニュートリノ（νe）——より正確には、反ニュートリノ——に分かれる過程であることがわかった。式で表すと

$$n \rightarrow p + e + \nu e$$

その際、ニュートリノは質量をもたず、スピン（＝固有角運動量の量子数）は電子と同じ1/2であるが、電荷をもたぬ中性粒子であるとするとうまく説明できたので、多くの人びとがその存在を信じるようになった。

でもニュートリノが実験により確証されたのは、一九五〇年代も半ばになってからだ。

ニュートリノは物質と接触し核反応を起こすことがある。粒子間衝突の場合と同様、ニュートリノの核反応率も〈断面積〉という量を仲立ちに表され、その単位にはバーン（b、$1b = 10^{-24} cm^2$）が多く用いられる。

一例をあげると、鉛の原子がX線に対してもつ断面積は10^6b程度。鉛は一立方センチメートルあたり3.4×10^{22}個の原子をふくむので、この数掛ける断面積の逆数、つまり厚さ3×10^{-5}cmの鉛箔でX線を止めることができる。

ところがニュートリノの核反応断面積はわずか10^{-19}b程度。水の原子核数密度は$\sim 10^{23} cm^{-3}$

なので、先ほどと同様の計算をすると、ニュートリノは核反応を起こすまでに、ナント一千兆キロメートルも水中を飛ぶことができるのだ。

地球の直径はたかだか一万三千キロメートルほど、地球内物質の原子核数密度も水とはあまり変わらないので、ニュートリノは地球をスルスルと自由に通り抜けることができる。

このようにニュートリノはじつに奇抜な粒子だ。その特徴を並べると、

1　とらえどころがない

2　質量はゼロと考えてよい

3　電荷を帯びていないので、光やX線など電磁波一族とも全然感応しない

4　宇宙には無数に存在するにちがいない

まるで幽霊のようだ。

ここまでの話で「何か変だな?!」と思った方もおられよう。それは「ニュートリノの質量がゼロ」のこと。これは実測による結論ではなく、その仮定を置いてもβ崩壊の実験データとは矛盾しないというにすぎない。

直感的にいって、粒子の質量が数学の意味でのゼロ値をとるというのは不自然に思える。

そこでニュートリノの質量はゼロでない微小値としよう。すると宇宙に数限りなくあると推測され、光とはつき合いたがらないこれら幽霊粒子の群れが未知なるダークマターの役割を果たすことも、十分期待できそうだ。

第1章はじめの【愛と憎しみの相克する宇宙】の言葉を借りると、ダークマターは〈愛〉の力である万有引力で引き合い、宇宙の膨張を引きとめようとする。他方、次の【第五元素】などで考えたダークエネルギーは〈憎〉の斥力を誘起し、膨張を加速させる。

だから、ニュートリノの質量は、素粒子物理学のみならず、宇宙論でも重大な関心事だ。

デーヴィスたちや小柴たちが先べんをつけ、長年にわたり開拓された〈宇宙からのニュートリノ〉実測研究は、このニュートリノの質量問題を解明する鍵となる知見をもたらした。

太陽や超新星からのニュートリノ——核反応を知る

「この超新星がⅠ型かⅡ型か、いま調査中なんですよ」——学年も押しつまった一九八七年二月の末、東京大学からその翌月定年退官される小柴昌俊教授が、物理教室教官会議のはじまる前、私たち取り巻き連に語った。

数日前の二月二三日に、わが銀河系の外十五万光年の距離にある〝隣の銀河〟大マゼラン雲中で超新星爆発が起こり、その際の核反応から放出されたニュートリノとおぼしきシグナルを、小柴たち東京大学宇宙線研究所の素粒子観測装置〈カミオカンデ〉が検出したとの噂を耳にした。

この装置は、岐阜県神岡鉱山の地下千メートルにたたえられた約三千トンの水と、そのまわりに並べられた約千本の光電子増倍管からなる。ニュートリノが水中の電子などとぶつかって微弱なチェレンコフ光を発し、それが光電子増倍管を通じて検出されたのだ。ちなみに、チェレンコフ光とは、物質(いまの場合、水)中を通過する荷電粒子(いまの場合、電子)の速度が、その物質中での光速度より大きいとき、粒子の飛跡に沿って物質が発する弱い光のことをいう。

カミオカンデがそのとき検知した十個あまりのニュートリノは、太陽以外の天体発としては初めてのもので、小柴教授退官にあたっての素晴しい〝宇宙からの贈物〟であった。

その超新星爆発はⅡ型であった。

第2章の【超新星のこだま】で解説したように、太陽よりもはるかに重い白色矮星が、自らの重みに耐えかねて陥没する過程で、種々の核反応がおびただしい割合で起こり、それら核反応から多数のニュートリノが発生した。

跡に残った若い超新星（SN 1987 A）は、その後膨張を続け、衝撃波の伝搬、減速など、口絵4に示すような、ダイナミックな展開をくり広げている。

図は左から、二〇〇〇年一月、二〇〇二年一二月、二〇〇五年八月、二〇〇八年一〇月の像である。これらは、X線探査衛星チャンドラからのX線像のみならず、ハッブルやスピッツァー宇宙望遠鏡の光学画像をも合成したものだ。


このたび小柴さんと一緒にノーベル物理学賞を受賞したデーヴィスさんは、太陽ニュートリノ観測の先駆者である。

一九六八年以降、六一五トンの四塩化炭素を入れたタンクの中でニュートリノと塩素の反応により生まれたアルゴン原子の数を、数カ月に一度数える実験をくり返し、その結果、観測されたニュートリノ強度が、標準太陽モデルの予想値に比べて三分の一から四分の一しかないという〈太陽ニュートリノ問題〉を提起した。

この謎を解くため、多くの人びとがさまざまな見地からアイデアを競ったものだ。観測にかかったボロン（ホウ素）8のβ崩壊によるニュートリノの放射率は、核反応が起こる太陽中心部の温度（一五五〇万度）に至極敏感で、その約一八乗に比例するといわれる。だからアイデアの主流は、中心部の推定温度を下げる努力であった。

太陽の表面温度は、光のスペクトル測定などから、五七七〇度と決まっている。また表面からのエネルギー流出量も、やはり実測から 3.85×10^{26} W と定まっている。

ここで、中心―表面間の温度差による（熱）エネルギー輸送を、定電流電気回路の問題に置き換えて考える。そうすると、中心温度（の推定値）を下げるには、エネルギー流に対する〝抵抗〟を小さくしてやればよいことがわかる。

しかし、太陽モデルをその方向に〝改良しよう〟とのさまざまな努力は、結局のところ実を結ばなかった。

この問題を真に解決するには、ニュートリノの戸籍調べからやり直さねばならぬ。

ニュートリノは素粒子論における〈弱い相互作用〉に関わる素粒子で、相互作用の固有状態（世代）の違いに対応して三種類あると考えられている。

まず、第一世代の電子ニュートリノ（νe）、これは β 崩壊にともなうもので、太陽で発生するニュートリノはすべてこの種類である。電子とともにレプトンとよばれる軽い素粒子族の一員である。

第二世代に属する μ ニュートリノ（$\nu\mu$）はミューオンとよばれる中間子とレプトン族を構成し、また、第三世代に属する τ ニュートリノ（$\nu\tau$）はタウ粒子とレプトン族を構成する。

カミオカンデの後継〈スーパーカミオカンデ〉が一九九六年四月から二〇〇一年七月までに取得した一四九六日分のデータを解析した結果、太陽発の電子ニュートリノは、地球に到達するまでの間に、その一部がμニュートリノやτニュートリノに変わってしまうことを見いだした。

この発見はそのまま太陽ニュートリノ問題の解決に結びつく。というのは、デーヴィスらの実験は、塩素からアルゴンへのβ崩壊に依存するので、電子ニュートリノしか検知できなかったからだ。それに対し、スーパーカミオカンデは容量五万トンの水タンクとそのまわりに一万一一四六本の直径五〇センチメートルの光電子増倍管を設置した装置で、電子ニュートリノのみならず、μニュートリノやτニュートリノをも検出できる。しかもそれらがどの方角からきたかをも知ることができるのだ。

電子ニュートリノがμニュートリノやτニュートリノに変わる現象は〈ニュートリノ振動〉とよばれる。そしてその振動は、「ニュートリノが質量をもつ」、また「ニュートリノの〈質量の固有状態〉と〈相互作用の固有状態〉との間に混合がある」証拠と考えられている。

小柴が創造し、彼の教え子たちが受け継いだ、カミオカンデとスーパーカミオカンデは、このように〈ニュートリノ天文学〉の見事な花を咲かせ、立派な果実を実らせたのである。

〝働かぬ〟ニュートリノ?

二〇一一年のノーベル物理学賞は「遠距離の超新星観測を通じた宇宙の膨張加速の発見」に贈られ、第1章の【百億光年の超新星】ではその業績を紹介した。また、同じ第1章の【愛と憎しみの相克する宇宙】の表現を借りると、ダークマターは〈愛〉の力である万有引力で引き合い、宇宙の膨張を引きとめ、ダークエネルギーは〈憎〉の斥力を誘起し、膨張を加速させる。

ダークエネルギーは宇宙の全エネルギーの約七三パーセントを占め、ダークマターが約二二パーセント、私たちが見知ることのできる水素やヘリウムなど元素物質は残りのわずか五パーセントに過ぎぬと推計されている。でも、ダークエネルギーとダークマターの本性は、いまだ明らかにされてはいない。

謎の素粒子ニュートリノは宇宙に無数に存在する。その数は、光やX線など電磁場を量子化して〝粒子〟としてとらえた〈光子〉の数に次ぎ、宇宙第二位といわれる。

ニュートリノの質量は微小だ。でも、その値がいかほどかは、ダークマターの候補として宇宙論でも重大な関心事である。

前にも話したが、ニュートリノは相互作用の固有状態（世代）の違いに対応して、電子ニュートリノ（νe）、μニュートリノ（$\nu\mu$）、τニュートリノ（$\nu\tau$）の三種類あると考えられている。岐阜県神岡鉱山の地下に設置された素粒子観測施設〈カミオカンデ〉で、小柴らが一九八七年大マゼラン雲で起こった超新星爆発からのニュートリノ十数個を検知した。そして、その後継施設〈スーパーカミオカンデ〉が太陽発のνeを一九九六年四月から二〇〇一年七月までに取得したデータを解析した結果、それらνeが地球に到達するまでの間に、その一部が$\nu\mu$や$\nu\tau$に変わったことが示された。

このようなニュートリノ間の変換は「ニュートリノが質量をもつ」証拠と考えられている。一例として、$\nu\mu$がνeに変換される確率をとりあげると、それは

$$P(\nu\mu \to \nu e) \to \sin^2(2\theta)\sin^2(1.27\Delta m^2 L/E)$$

と表せる。ここで、θは両ニュートリノ間の変換に関わる混合角（radian）、Δm^2は両ニュートリノの質量の二乗値間の差分（eV^2）、Lは$\nu\mu$の走行距離（km）、Eは$\nu\mu$のエネルギー（GeV = 10^9 eV）。変換確率Pは、この式を通じて、質量に関係する量Δm^2と結びついている。

前述の太陽からや原子炉の放出するνeを遠距離で検知する実測データからのΔm^2は、約7×10^{-5} eV^{2}であった。この値から推計される質量は～1×10^{-2} eV、それはニュートリノの質量が（予想通り）きわめて小さいことを意味する。

たとえば、もっとも軽い素粒子の代表格である電子をとってみても、その質量は9.1×10^{-28}g、例のアインシュタインの公式$E = mc^2$を用いてエネルギーに換算すると0.5 MeV（1 MeV＝10^6eV）、上記ニュートリノ質量の推計値の一億倍近くにも達するからだ。

だからその軽さでは、いかに宇宙に無数にあるとはいえ、ニュートリノをダークマターの候補として推すには二の足を踏まざるを得ないのだ。


前段で述べた変換確率の実測はどちらかというとニュートリノを「遠距離走行」させた場合であった。その他に、大気中あるいは加速器から比較的遠くでのニュートリノの流れを計測する「中距離走行」の実験や、加速器や原子炉の近傍で測定された「短距離走行」の実験が行われ、前者で約2×10^{-3} eV^2、後者で約1 eV^{2}のΔm^2値が得られた。

ここで問題が生じた。というのは、ニュートリノが三種（その質量値も三種）のみとすると、Δm^2の値の自由度は二、これでは、遠・中・近の三走行距離でのΔm^2の値をつじつまのあったかたちで説明できぬというのだ。

米物理学会の『フィジカルレヴューレターズ』誌（Vol.107, 091801（2011））に発表された論文「電子ボルト程度で、働かぬニュートリノは存在するか?」が、この問題の一つの解法を提示した。

それは、これまで考えられていた、弱い相互作用を通じて核反応に〝働く〟（active）三種のニュートリノに加えて、核反応に〝働かぬ〟（sterile）二種のニュートリノの存在を新しく仮定すると、短距離走行をふくめて上記すべてのニュートリノ振動測定データと〝つじつまを合わせられる〟というのだ。そして、その〝働かぬ〟ニュートリノの質量は一電子ボルト程度だという。

しかし、それら〝核反応に働かぬ〟（＝世代に無縁の）ニュートリノが前記の世代間変換の確率表式にしたがうかは、この解析についての第一の疑問である。

いずれにせよ、今後の課題は、この新種ニュートリノの存在を実証することと、それとダークマター問題との関わりの検討であろう。

クォークグルーオンプラズマ――宇宙開びゃく時の素粒子物質

物質を細分すると原子に至ると教わった。原子は重い原子核とそれをとりまく軽い電子、またその原子核は陽子と中性子からなるとも。陽子や中性子（まとめて核子とよぶ）を結びつけ、原子核につくり上げるのが、湯川秀樹博士の予言したパイ中間子だということは、その後で習った。いまでは、核子やパイ中間子（まとめてハドロンとよぶ）も不可分の素粒子ではなく、いくつかのクォークからなると考えられている。つまり、核子は三個のクォーク、中間子はクォークと反クォークで構成される複合粒子だ。

でも――なぜハドロンは複合とわかったの？

それはいくつかの新粒子が発見されたからだ。

宇宙線として、あるいは加速器で、高エネルギーに加速された陽子を、他の原子核にぶつけて、その跡を子細に観察すると、未知の新粒子が見つかり、その大部分はハドロン族のメンバーとわかった。

それら数多くの実験結果を矛盾なく説明するハドロンの複合モデルの主役を演ずるのがクォークである。

たとえば陽子は二個のuクォークと一個のdクォークからなる。uクォークは単位電荷の三分の二倍、またdクォークはマイナス三分の一倍の電荷をもち、これらを足しあげると、陽子のもつ正の単位電荷が得られる。

同じように、中性子は一個のuクォークと二個のdクォークからなる。

量子色力学は、素粒子の強い相互作用をクォークの力学として記述する理論で、二〇〇四年のノーベル物理学賞にとりあげられた。

クォークには、u（＝up）とd（＝down）のほかに、c（＝charm）、s（＝strange）、t（＝top）、b（＝bottom）がある。そして、ニュートリノに対応して、uとdは第一世代、cとsは第二世代、tとbは第三世代に所属する。

クォークはまた、通常の電荷のほかに〈色電荷〉を帯びる。それは、赤（R）、緑（G）、青（B）の三原色で、陽子や中性子を構成する三つのクォークはRGB三色がそろった、全体として白色に中和された状態にある。

通常の電荷のまわりの電磁場を量子化すると、光子という粒子が生まれる。それと同様に、クォークの色電荷の間にはたらく力の場を司る粒子がグルーオンだ。「グルー」とは「糊」、三色のクォークをくっつけ、安定な核子をつくり上げる。

クォークやグルーオンは、原子核実験の結果を矛盾なく説明するとはいえ、まだ理論の産物にすぎぬ。

「手にとって眺めたい」とはいわぬまでも、実在の証拠をつかみたいとは誰しもが思うところだ。

とくにクォークの（通常）電荷が単位電荷の三分の一というのは魅力的である。電子の素電荷が高精度で実測されているいま、この半端な電荷はクォークの検知を容易くすると思われるからだ。しかし多くの人たちの努力にもかかわらず、クォークを単体で検出した例はない。クォークってやつは核子や中間子の中にキッーク閉じ込められ、そこから抜けだせない状況のようだ。

核子一個あたりの質量は 1.67×10^{-24} g、半径は約 0.8 fm。この fm は「フェムトメートル」あるいは「フェルミ」とよばれる長さの単位で、1 fm = 10^{-13} cm、十兆分の一センチメートルのことだ。

ここで「質量とエネルギーは等価である」というアインシュタインの公式——質量（m）に光速（c）の二乗を掛けたものはエネルギー（E）に等しい——つまり、

$$E = mc^2$$

で核子一個あたりのエネルギーを計算すると、約 1 GeV（一ギガ電子ボルト）が得られる。三個のクォークはグルーオンで結ばれ、このエネルギーに相当する力で、核子に閉じ込められている。これはおそろしく強い力だ。クォークが単体で見つからぬもむべなるかなと思えるほどである。

いかに強いか、水素原子の場合と比較してみよう。

水素原子の在りようは、陽子のまわりを電子の存在確率を表す定在波がとり囲み、あたかも一つの粒子のように振舞う代物だ。水素原子に電子を閉じ込めるエネルギーは 13.6 eV――それは核子内でクォークを閉じ込めるエネルギーの七千万分の一程度にすぎぬ。

常温常圧で水素は軽い分子気体として知られている。だがその温度を二万度ほどに上げてやると、水素原子内の電子は、陽子の束縛から解き放たれ、空間を自由に飛びまわるようになる。

これが原子・分子の熱電離で、その結果水素は電離気体すなわちプラズマとなる。


分子気体の熱電離の考えをハドロン物質に当てはめ、それを何度以上に加熱すると、クォーク、反クォーク、グルーオンが原子核内部から解き放たれ、クォークグルーオンプラズマ（ＱＧＰ）が形成されるかを考えてみよう。

核子の束縛エネルギーは水素原子の七千万倍程度なので、その答えは「一兆度以上」――これはたいへんな温度だ。太陽中心部で千五百万度、核融合炉のプラズマが一億度を目標にしているのに比べても、桁外れの値である。

しかし一三七億年前、宇宙の幕開け、ビッグバンから数マイクロ秒（百万分の数秒）間は、このような超高温状態にあったと考えられる。だから、ＱＧＰは宇宙最古のプラズマだという人がいる。

水素をプラズマ化するには、温度をあげる他に、もう一つ方法がある。それは〈圧力電離〉だ。要約すると、物質を加圧し、隣接する原子・分子内の電子軌道が重なり合うような超高密状態にすると、電子は原子核の束縛から解放され、物質の〈金属化〉が進むことになる。

前にも述べたが、核子の半径は約 0.8 fm、また核子一個あたりの質量は 1.67×10^{-24} g 程度なので、平均の質量密度は 8×10^{14} g/cm^3 ほどだ。

大ざっぱにいって、原子核物質を 10^{15} g/cm^3 程度以上に圧縮すると、核物質中の圧力電離が起こり高密ＱＧＰの形成が期待される。が、ここで要求される質量密度の値はやはり桁外れに大きく、地上では実現できそうもない。

しかし宇宙は想像を絶する物質状態を可能にする。

パルサーの観測などでその存在が実証されている中性子星の質量の観測値は太陽の一・四倍、半径の推定値は約十キロメートル、平均質量密度は 7×10^{14} g/cm^3 ほどである。

だから中心部の質量密度は 10^{15} g/cm^3 を優に超え、そこでは高密ＱＧＰ相が実現されていそうだと考えられる。

II

エネルギーと地球環境

これまでの各章で探索してきた宇宙圏の諸事象から、地球上の生物圏へ視点を移すと、「再生可能なかたちでエネルギーの需給を計る」と、温室効果ガスの蓄積による「地球温暖化を阻止する」が、今世紀人類の命運を左右する重要課題として浮上する。この部の各章では、これら地球環境に関わる諸問題をエネルギー科学の立場で論考する。

5　自然エネルギーの利用――再生可能なエネルギー資源の開発

アスペンエネルギーフォーラム――地球温暖化阻止へ再生可能なエネルギーの活用

「この前お会いしてからずいぶん経ちましたね」――コーンさんの手をしっかりと握る。「われわれもっとしばしば会うべきだよ」――彼は握り返す。

二〇〇六年七月一〇日午後四時、アスペン物理学センターの集会室での特別講演直前、じつに一六年ぶりの再会であった。

ウォルター・コーン博士は一九二三年ウィーン生まれ、わたしとはひと回り違い、戦乱の欧州を離れカナダを経由してアメリカに渡られた。カリフォルニア大学サンタバーバラ校物理・化学両学科の教授、また一九七九年同校に自ら創設された理論物理学研究所の所長をも務めておられる。

コーンさんに初めてお会いしたのは、一九六五年神奈川県大磯での《理論物理 国際夏の学校》であった。そして一九七九年以降、わたしは幾度かサンタバーバラを訪れた。一九八九年の夏には、富士山麓山中湖畔での強結合プラズマに関する《第二四回山田コンファレンス》に彼をお招きした。そのようなわけで互いのコンタクトは比較的密であった。

一九九〇年五月、コーンさんは京都での化学に関する会合に出席するため、マラ夫人とともに来日され、わたしは家内とともに、成田空港到着の一夜を明かされたご夫妻を箱崎水天宮のホテルにお迎えした。昼間は国立劇場で文楽人形浄瑠璃を観賞し、夕食は浅草でとることにした。ちょうど三社祭のさなか、仲見世は身動きのとれない人出であった。かっぷくのいい身体をすくめ、「ochlophobia（群衆恐怖症）には大変だね」と込み入った軽口を交えながら、彼は東京の初夏の風物を楽しまれた。

夕食の後は地下鉄でホテルまでお送りした。その道すがら、彼は自ら生み育てた〈密度汎関数理論〉を物質中の電子状態の解明に新しく応用する方法について、熱を込めて話しておられたのをいまもおぼえている。

物質を原子・分子やそれらを構成する原子核（イオン）や電子などミクロの尺度で眺め、この物質中にふくまれる数多くの電子が「どのような状態にあるか?」という、物質科学の根幹にかかわる問題を考える。物質中には原子・分子やイオンの群れがあり、さらに外部からの力が加われば、それらはすべて電子密度を一様分布からずらし、非一様分布の状態に移行させる。そのような非一様分布の典型が、個々の原子や分子中の軌道電子群の状態だ。

ところで金属内部など密度の高い物質中では、原子・分子、さらにはイオンや自由に動きまわる伝導電子が無数に存在し、それらは互いに電場や磁場などによる影響力を及ぼし合っている。したがって密度が非均一の電子群の状態を定めるには、これらすべての相互作用をつじつまの合ったかたちでとりいれた、いわゆる多体問題を解こうとすることになる。そしてその解法に直接かかわるのがコーンさんの密度汎関数理論だ。

コーン博士は、その密度汎関数理論を発展させた功績で、一九九八年にノーベル化学賞を受けられた。

受賞の知らせが届いたとき、わたしは浅草三社祭でのコーンさんを思い浮べながら、お祝いのe

メールを書いた。すると謝辞とともに「近いうちにぜひ会いたいものだ」との返信をいただいた。アスペンで親しくお話したのは、あの浅草三社祭の夜以来であった。

もちろん彼のお噂は、あちらこちらから、もれ承っている。

特筆すべきは、二〇〇三年一月二八日付『ニューヨークタイムズ』紙の記事「ノーベル賞受賞者達が国際的な支持のない戦争に反対の署名」――それは、アメリカのノーベル賞科学者と経済学者四一人が、コーン博士の呼びかけに応じ、国際的な支持なしでの対イラク予防戦争に反対する声明に署名したと報じた。しかし、その直後の三月二〇日払暁、ブッシュ米大統領はイラク先制攻撃の火蓋を切った。

この反戦声明からも察知できるように、コーンさんは人間社会のあるべき姿に深く思いを致し、自らの考えを穏やかな言葉で明晰に表明してこられた。そのことは、彼がご両親をアウシュビッツで失ったことと無関係ではなかろうと、わたしは思っている。

今世紀人類の命運にも関わる重要課題は、「再生可能なかたちでエネルギーの需給を計る」と、温室効果ガスの蓄積による「地球温暖化を阻止する」である。

ブリティッシュペトロリウム（英国石油）とアスペン物理学センター共催のエネルギーフォーラ

ムは、物理学の見地からこれら問題の解決を図ろうと、二〇〇六年七月一〇―一三日、約四十人の専門家を集めて開かれた。

論題と論者を列記すると――

近未来のエネルギー技術（スティーヴ・クーニン）
物理屋のためのエネルギーと環境問題入門（ロバート・ソコロウ）
太陽光と風力（アーサー・ノズィク）
気候の物理（ブラッド・マーストン）
バイオマス（ダン・カメン、マイク・ヒメル）
二酸化炭素の地中閉じ込め（リン・オァ）
核燃料サイクル（フィリップ・フィンク）
核融合（デイヴ・ボールドウィン）
エネルギー利用の高効率化（スティフン・ベリー）
水素（ジョアン・オグデン）

などであった。

現在米エネルギー庁長官のスティヴン・チュー氏は、当時カリフォルニア大学バークレー国立研究所所長として、「物理屋はエネルギーの需給面でいかなる貢献をなし得るか？」という実務的な主題で講演し、フォーラムをとり仕切っていた。

アスペンエネルギーフォーラムでのコーン博士の特別講演の主題は、太陽エネルギーの有効利用法についてであった。二〇〇五年（世界物理年）に彼自身が企画し製作した映画 *Power of the Sun*（太陽のパワー）を上映しながら、彼は再生可能なエネルギー供給に果たすべき太陽電池の重要な役割を講じた。

そしてそういった努力の積み重ねが地球温暖化防止に直結するとも話された。

"Energy is one of our make-or-break challenges."（エネルギーは私たちの運命を左右する難題だ）

"This (global warming) is our urgent problem!"（これ（地球温暖化）は待ったなしの課題だ）

彼の言葉は正鵠を射ていた。

ブッシュ政権のこの方面の施策については厳しい評価がくだされた。言葉は穏やかながら、「イラクの破壊と殺りくにあれほどの予算を注ぎ込みながら……」と、秋霜烈日であった。

太陽電池の活用については日本とドイツの努力が褒められた。講演の中で日本のことに言及されるとき、コーンさんは集会室の後方に席していたわたしの方を向き、「そちらに座っている、日本からの私の長年の友人 Ichimaru がこの件についてコメントするかもしれないが、日本はエネルギーの効率的な使用と再生について真剣な努力を重ねている……」と、いくたびか声をかけてくださった。

わたしは、彼のこの暖かい心遣いに接し、胸に迫る思いであった。

日だまりに思う——太陽光のエネルギーと電力需給

立春も過ぎると日射しが和む。「心なしか」をつけた方がいいかもしれない。でも南面の日だまりは暖房をオフにしても結構温かく、太陽光の恵みに思いは巡る。

エネルギー問題とくに〈再生可能なエネルギー〉を考える際、この暖かさがよく話題にのぼる。「太陽光もいいが、なにぶんエネルギー密度が低いのでねー」ともいわれる。その〈太陽光のエネルギー〉について、ここで考えよう。

太陽の半径は 7×10^5 km ほど、これは地球の約一〇七倍にあたる。またその質量（重さ）は 2×10^{30} kg、地球のほぼ三十万倍はある巨大な天体だ。

中心部で頻繁に起こっている水素の核融合反応で熱エネルギーが発生し、主に光のかたちで表面から運び出される。太陽のエネルギー出力は、家庭で見かける一キロワットの電熱器を一〇億個集めた一兆ワットのスーパーヒーターをさらに三八五兆台集めたもの、つまり 3.85×10^{23} kW にのぼる。

太陽のエネルギー源である水素の核融合は、主にp–p連鎖とよばれるやや込み入った反応過程の組み合わせで、まとめると（第6章で詳しく取り扱うように）、

$$4\mathrm{p} \rightarrow {}^{4}\mathrm{He} + 2\mathrm{e}^{+} + 2\nu\mathrm{e} + 26.2\ \mathrm{MeV}$$

と表すことができる。それは――四個の陽子（p）が融合し、ヘリウム（He）4の原子核（α粒子）、二個の陽電子（e^{+}）、二個の電子ニュートリノ（νe）が生まれる――を意味する。

陽子四個の質量は、α粒子、陽電子二個、ニュートリノ二個の質量の和より大きく、その差（質量欠損という）を、「質量とエネルギーは等価である」というアインシュタインの公式――$E = mc^2$――で換算すると、右辺の26.2 MeVが得られる。

ここですこし脱線するが、熱量ときくと例の「カロリー」が頭に浮かぶ（ただし栄養学上のカロリーは、国際度量衡委員会が熱量の単位と認めるカロリーの一〇〇〇倍、大カロリーにあたる）。

通常のカロリーは一気圧下で一グラムの純水の温度を14.5℃から15.5℃に高めるのに要する熱

量だ。国際度量衡委員会は一カロリーを4.1855 Jと定義し、精密測定にはこのジュール（J）を用いるよう勧告している。

電力の単位ワット（W）というのは、毎秒一ジュールのパワーのことだ。電気量など実務に直結するエネルギーの単位に、ワット時（Wh）がある。それは一ワットの電力を一時間使用したときのエネルギー量、つまり三六〇〇ジュールである（巻末「エネルギーの単位について」参照）。

脱線ついでに——私たち人間は何ワットの〝機械〟だろうか？

一人一日あたりの消費（大）カロリーを一八〇〇と仮定すると、その答えはなんと八七ワット——「一〇〇ワットの電球より少ないパワーで結構よく働くものだ」と、自分で自分を褒めてやりたい気分だ。

ただしこの程度のパワーではヤカン一杯（一リットル）のお湯を沸かすのに一時間以上かかる。

脱線はこれくらいにして、太陽光エネルギーの問題に戻ろう。

先に太陽は3.85×10^{23} kWのエネルギー出力があるといった。ところが太陽は地球から一億五千万キロメートルの遠方にあるので、地表で受ける太陽光のエネルギー密度は、エネルギー出力をこの距離を半径とする球の表面積で割ったもの、つまり一平方メートルあたり一・四キロワットとなる。

だから日向水をつくろうと、一メートル四方の容器に深さ五センチメートルの水を張り、一時間ほど太陽に向けると、水温は二四度ほど上昇することになりそう。ただしこれは理想的な条件下で期待できる最高値で、現実にはとてもこれほどは暖まらないのも、私たちは経験から知っている。

この程度では代替エネルギー源としてあまり役立ちそうもない——これは太陽光エネルギー密度の低さを問題にする人たちの指摘だ。


太陽の光線が運びこむ熱量が代替エネルギーとしてどれほど役に立ちそうか？ それを考えるにあたり、まず世界の発電量がどれくらいかを調べよう。

二〇〇八／〇九年版『世界国勢図会』（矢野恒太記念会）によると、二〇〇五年の世界（水力、火力、原子力）総発電量は一八兆キロワット時であった。この量を年中休みなしで一日二四時間稼動する発電機に置き換えると、その出力は二一億キロワット（2.1×10^9 kW）に相当する。

比較するに太陽光が地球に運びこむ総熱量はというと、それは地表でのエネルギー密度に地球の断面積を掛けたもので、答えは一八〇兆キロワット（1.8×10^{14} kW）、総発電量の九万倍ほどだ。

先にも触れたように、太陽光のエネルギーがすべて利用可能というわけではない。気象・天候・海洋・地勢など自然条件、動植物など生態環境、発電効率、送電ロスなどを考えに入れると、代替エネルギー源として利用できるのはそのごくわずかの割合であろうと思われる。

それに電力のみがエネルギー消費の形態ではない。

世界の人口は七十億を超え、その一人当たり生存のためだけに一〇〇ワットのパワーが要るので、その総計は七億キロワット、これだけで総発電量の三三パーセント近くがエネルギー消費に加算されることになる。だから上述の対比をどう解釈するかは人により見解が分かれる。

ともあれ太陽は世界総発電量の九万倍近い光エネルギーを地表に送り続けている。やはりこのエネルギーはもっと有効に活用せねばなるまいて――冬の日だまりでウトウトしながらこう思った。

光から電力を――太陽電池

先にも述べたように、アスペンエネルギーフォーラムは、人間社会にとって今世紀最重要の課題である〈再生可能なエネルギー需給〉と二酸化炭素など温室効果ガスの蓄積がもたらす〈地球温暖化防止〉を目途に開かれた。

そして、そのフォーラムの一環として、二〇〇六年七月一〇日午後四時、コーン博士がアスペン物理学センターの集会室で、二〇〇五年に彼自身が企画・製作した映画 *Power of the Sun* を上映しながら、太陽エネルギーについて特別講演を行った。

人はその活動エネルギーのすべてを太陽に負う。

太陽光が地表に入射する単位時間あたりの総エネルギー量は 1.8×10^{14} kW。対するに人類のエネルギー使用総量は 1.3×10^{10} kW、それは太陽から入射されるエネルギーの約一万分の一でしかない。

太陽電池は半導体結晶の表面近くにつくられるｐｎ接合を用いる。半導体とは、導体と絶縁体との中間の電気伝導率をもつ物質のことで、低温ではほとんど電流を流さないが、高温になるにしたがい電気伝導率が増す。

太陽電池は、同様の半導体技術が関わるトランジスターとともに、米ニュージャージー州のベル研究所で初めて実現された。コーンさんは戦乱の欧州をはなれアメリカに渡った後、一時期をベル研究所で過ごした。そしてその映画には、いまも保存されている太陽電池の第一号機を手にする彼の姿があった。ちなみにその第一号機の出力は数ミリワットであったとか。

太陽電池の主な材料は硅素（Si）だ。原子番号は一四、原子価は四、つまりSi原子は一四価に帯電した原子核とそれをとりまく一四個の軌道電子からなり、そのうちもっとも外側の四個は価電子として、あたかも原子の握り合う手のようにはたらく。そして隣接する原子は、価電子を一個ずつ出し合い、電子のペアをつくり、互いに結びつく。

だからSi結晶は、ほとんどすべての価電子がペア状態にあり、自由電子がきわめて少ない半導体である。

次にこのSi結晶中に、ごく微量のリン（P）を不純物として混入させよう。リンの原子番号は一五、原子価は五。だからSiの場合と同じく、内側の軌道にいる一〇個の電子は原子核とくっついて、ともに行動する。

一方、外側の軌道にいる五個の価電子は、例によって隣のSi原子と価電子ペアを組もうとする。ところがSiの原子価は四だ。Ｐの価電子のうち一個はペアをつくれず余り、Si結晶中であたかも自由電子のように振舞う。

これをｎ型半導体とよぶ。ｎ型とは電流を運ぶ電子が負（negative）に帯電しているからだ。

では不純物としてボロン（B：原子番号五、原子価三）を用いた場合はどうなるだろう？ こんどはBの価電子がSiより一個足りず、別のところのSiから電子を借りることになる。ところが物質中ではいつも平均として電気的な中性が保たれており、あるべき電子が一個欠落すると、そこに正電荷一個分が輩出する。

これが正孔（positive hole）で、電子と同様に電流の担い手としてはたらく。そしてこのような物質をｐ型半導体とよぶ。

ｐｎ接合とは一つの半導体結晶中でｐ型の領域とｎ型の領域が相接している部分をいう。ｐ型の領域には動きやすい正孔、ｎ型の領域には自由電子が多く集まっており、ｐ領域に正電圧を加えた場合には電流が流れやすいが、逆の場合には電流が流れにくい。

つまりｐｎ接合にはｐからｎに向かっての〈整流作用〉があり、トランジスターやダイオードなどの半導体素子は、それを利用してつくられている。

太陽電池もこの整流作用を利用する。

アインシュタインの光量子説によると、太陽光のエネルギーは光子とよばれるツブツブの粒子により運ばれる。光子がｐｎ接合に飛び込むと、そのエネルギーが電子と正孔の対を発生させ、整流作用により外部回路にpからnに向かう電流が流れることになる。

この原理ではたらくSi半導体の太陽電池では、一素子の開路電圧は四五〇ミリボルトほど、太陽光（1 kW/m^2）に対する電力変換効率は（当時の値で）一〇—一五パーセントだ。

コーンさんの映画はじつはこれからが本論だ。

宇宙ステーションにはじまり、都市、村落、山間僻地、砂漠など、ところかまわず電力を安定に供給できる太陽電池の利便性が強調される。

そして太陽光発電への日本とドイツのさきがけ的な貢献が讃えられた。

またアメリカでも太陽光発電は、今後一〇年で石油パワーより安価になり、風力と相まって、新エネルギー発電は一五年以内に電力需要の二五—三〇パーセントを賄えるようになるだろうとのことだ。

二〇〇九年一月二〇日、アメリカのオバマ新政権が発足した。チーム・オバマは強力な布陣で環境・エネルギー問題へも積極的な対応をはじめ、新しいエネルギー庁長官にはチュー氏が就任した。先にも述べたように、彼は二〇〇六年のアスペン物理学センターエネルギーフォーラムでも指導的な役割を果たしていた。

二〇〇九年二月八日付の新聞報道によると、アメリカは二〇一二年に総発電量の一〇パーセントを新エネルギー発電でまかなう計画とか。それに比べ、新エネルギー利用特別措置（ＲＰＳ）法によると、日本は二〇一四年に一・六パーセントを目指すとのことだ。

緑の安全保障——国際環境問題

北大西洋条約機構（ＮＡＴＯ）は、北大西洋条約に基づき一九四九年に結成された西欧諸国とアメリカ・カナダが加盟する集団安全保障機構である。それは、言うまでもなく、ソビエト連邦を中心とする東欧諸国、いわゆる〝赤の脅威〟に対する安全保障を受け持ち、西側の結束を維持する役割を担ってきた。

ところが一九九一年、ベルリンの壁崩落とともに事態は一変した。ソ連邦の崩壊にともない東西冷戦の対立軸が消滅したのである。

西側諸国の集団安全保障を計る新しい接着剤は何か？　多くの人びとが模索している。

『ニューヨークタイムズ』紙のコラムニスト、トーマス・フリードマンは、ドイツのハイデルベルクに滞在中の二〇〇六年一〇月二七日、“Allies Dressed in Green”（緑衣同盟）と題する論説をものした。そこで彼はＮＡＴＯの接着剤問題をとりあげたのである。問題の底流は日本の集団安全保障とも深くかかわっている。彼の論説を基に、緑の安全保障問題について考えてみよう。

――その接着剤として「テロとの戦い」をあげる人もいるだろう。でも私はそう思わない――フリードマンは、こう切り出す。理由は（書かれていないが）明白だ。イラクの悲惨な現況をご覧あれ。

でもドイツの人たちはとてもいいアイデアをもっている――フリードマンは続ける――西側諸国が結束して対処すべき課題は、エネルギーとその抱えるさまざまな難題に他ならないというのだ。気候変化、大気汚染、生態系の壊滅、イスラム急進主義と石油帝国主義、そしてこれらすべての組合せは、今日の西欧型生活様式とその質に対する最大の脅威である――そしてそれらのすべては、われらのエネルギー中毒がもたらしたものだ。

その解決にあたっては、大気汚染ガス排出の抑制、緑化の促進、石油から再生可能エネルギーへの転進といった、国家政府間の総合的な協力関係が不可欠だ。だから「赤・白・青」といった愛国カラーにとって代わり、「緑」がＮＡＴＯを包む新しい集団安全保障態勢のプロジェクトカラーたるべしというのである。

最近ではマーガレット・ベケット英外相も「気候変化は、単に環境問題のみならず、防衛問題でもある……」と講演した。

フリードマンは「ジオグリーン指針」(geo-greenism) なるものを提起する。それは緑 (green) の問題を地球 (geo-) 戦略的に考えようとの指針 (ism) だ。

そしてこの指針がNATOの新基軸として有効にはたらくためには、ヨーロッパのグリーンはもっとジオを、アメリカの政府はもっとグリーンを、と説く。

西欧とくにドイツは緑の先進国だ。各国の〈緑の党〉は、環境保護を進めるにあたり、道義的見地を重んずるあまり、戦術上の策略に不備があると、彼は指摘する。

たとえば欧州のグリーンたちは遺伝子工学的な処理が施された農作物を忌避するが、コーンエタノールや大豆ジーゼルにはこの技術が必須のようだ。

またドイツの緑の党は、先の政権に参画し、二〇二一年までに原子力発電所を段階的に廃止することを決めた。削減量は総発電量の三〇パーセントにあたる。このすべてを風力発電や太陽電池で置き換えることができれば、それに越したことはない。でも実際は石炭にとって代わられるのではないか——と彼はいうのだ。

ここで二〇〇六年七月のアスペンエネルギーフォーラムで起こったある出来事が、わたしの脳裏をよぎった。

先にも述べたように、そのフォーラムには多くの物理屋が参集し、人間社会にとって今世紀最重要の課題である、再生可能なエネルギー需給と地球温暖化防止を目途に、さまざまな近未来のエネルギー・環境問題を議論した。

セッションの中休み、コーヒーブレークの時だった。

参加者の一人が「唯一の核被爆国である日本の人たちは原子力発電をどのように受け止めていますか？」と、わたしに問いかけた。これは難しい質問である。

「被爆国であるなしにかかわりなく、社会の人びとに対して原子力発電のはらむ危険性に警鐘を鳴らし、その安全性の確保に万全を期することは、核反応が引き起こす苛烈な放射線障害をよく知る私たち科学者の責務です」が、やっとのことで出た答えであった。

原子力への依存を段階的に廃止するというドイツ緑の党主導の計画が、地球戦略上過った策であるというフリードマン氏の論調には、必ずしもうなずけないものがある。

でも、日本にとって集団安全保障上で最重要の政策は、日米軍事同盟によるテロとの戦いではなく、むしろエネルギーと地球環境問題に対処する緑の同盟を推進することにある——この点では彼の論調に共鳴している。

緑と原発、そして再生可能なエネルギー

二〇一一年三月二八日の新聞報道は、ドイツ南西部バーデン・ビュルテンベルク州で二七日、州議会選挙があり、福島第一原子力発電所事故の影響で原発政策が最大の争点となり、環境政党 緑の党が躍進、メルケル政権の連立与党 キリスト教民主同盟と自由民主党が敗れたと伝えた。そしてドイツの脱原発路線が今後加速する可能性があると注釈を加えた。

化石燃料（石油、石炭、天然ガス）を燃やすと、大気中に二酸化炭素（CO_2）など温室効果ガスが蓄積され、それが地表から発せられる赤外線を捕捉し、地球の温暖化が進む。この CO_2 地球温暖化説は科学的に実証されており、そのことは第7章で解説する。

また別のところ（『日本物理学会誌』Vol.62, 631（2007））で、わたしは「CO_2 地球温暖化説を原子力発電の危険性の隠れ蓑に使ってはならぬ」との警告を発した。

それは、原発が「CO_2 を排出しない」という意味でクリーンではあるが、それを事由に、原発のもつ「生命と環境に取り返しのつかぬ災害を及ぼす危険性」をなおざりにすることがあってはなら

ぬとの警鐘である。

再生可能なエネルギーの需給とは、太陽光、水力、風力、地熱、潮汐など、自然界のエネルギーを電力に換え、活用しようという仕組みである。

その課題は二〇〇六年のアスペンエネルギーフォーラムでも広く議論され、その席上、コーン博士は、太陽エネルギーの有効利用法について特別講演を行った。

コーンさんがその講演でも指摘したように、当時日本はドイツとともに太陽光発電については先駆的な事業を進めてきた。しかし、数年前のエネルギー政策の転換により、日本の太陽光発電事業は他国の後塵を拝し、代わって、大気中への炭素の排出に関して〝クリーン〟を標榜する原子力発電が脚光を浴びるようになっていた。

福島の原発事故と電力事情の深刻化を契機に、日本のエネルギー需給体制は抜本的な見直しが迫られている。

その鍵は、

1　再生可能エネルギーをふくむエネルギー資源利用の高効率化

2　原子力発電の安全性の抜本的総点検

3　その段階的削減であろう。

核融合で第一種永久機関を

Q氏曰く――そもそも永久機関の発明家は文科系に限る。理科系の人は「永久機関はあり得ない」という悲しい固定観念に縛られて、自由な発想ができないのだ――

ご自身理工系のQさんは謙遜の意をこめてそういわれたに相違ない。筆者も理系の一人、「悲しい」かどうかは別にして「固定観念に縛られて、自由な発想ができない」にはすこしドキッとする。でも永久機関に文系理系の区別などあるんだろうか？　ここは「そもそも永久機関って何？」から考えはじめた方がよさそうだ。

そこで文系理系を問わずひろく世に用いられる『広辞苑』をひもとくと、永久機関はこう説明されている。

〔理〕第一種と第二種がある。第一種は外からエネルギーをもらわずに、いくらでも仕事をすることができる装置。第二種は、ただ一つの熱源から熱をとり、これを全部仕事に変えて他に何の変化も残さず周期的にはたらく装置。両機関とも経験上不可能とわかり、第一種永久機関は熱力学第一法則（エネルギー保存の法則）、第二種永久機関は熱力学第二法則（エントロピー増大の法則）の基礎となった。

なるほど「（第一種と第二種の）両機関とも経験上不可能とわかり」とあるが、固定観念！と極め付けられた「永久機関はあり得ない」とは書いてない。

まずこの第一種をとりあげよう。

それは熱力学でのエネルギーのやりとりに関係がありそうだ。が、ひとくちにエネルギーといってもいろいろな種類がある。

たとえば、熱エネルギー、流体など運動する物体のエネルギー、電波や光など電磁場のエネルギー、さらに燃焼など化学反応にともなうエネルギー、などなど。

ここでおなじみの発電所について、それらエネルギーの流れがどうなっているかを調べよう。

火力発電所は、マイカーなどと同じく、石油・石炭など燃料の供給が途絶えると止まってしまう。

これに対し水力や風力発電は、とくに何かを供給してやらなくても、自前で動き続けるようだ。

でも、もちろん、雨が降らずダムの水が涸れたり、風が止んだりすると、発電機は止まる。

雨や風といった気象現象を引き起こす原動力は、太陽が放射する光のエネルギーだ。また石油などいわゆる化石燃料も、元をただせば、光合成で動植物に固定された炭化物が海底に堆積し、地層深く埋められたものだ。


ところで太陽などの恒星は数十億年前に生まれ、その多くは、大ざっぱにいうと、いまもあまり変わらないエネルギー出力で輝き続けている。ちなみに、太陽の熱出力は三千八百五十億兆キロワット（3.85×10^{23} kW）である。

厳密主義の方々は「数十億年といえども、それは永久ではない！」と抗弁されよう。

そこでわれわれ人類の経歴年数と比較する。

人類とチンパンジーの分岐は数百万年前、縄文時代が紀元前一万年前後にはじまり、メソポタミア文明の発祥が紀元前三千年頃だ。だから人類の歴史のどの局面と比べても、太陽はれっきとした永遠の輝きであり、第一種永久機関の資格が十分のようだ。


では、その永遠の輝きの源は？

いま仮に太陽の総質量（2×10^{30} kg）を石炭で置き換え、いまの熱出力をまかなう割合で燃やしていくと、それは六千年ほどで燃え尽きてしまう。これではお話にもならぬ。

正しい答えは、アインシュタインが相対論をもとに示した「質量とエネルギーは等価」にある。それは

$$E = mc^2$$

のこと。その意味は、質量（m）に光速（c）の二乗を掛けたものはエネルギー（E）に等しい、だ。

もう少し説明を加えると、太陽のエネルギー源はその主成分である水素の核融合にある。それは主にp–p連鎖とよばれるやや込み入った過程の組み合わせからなるが、式にまとめると、前述のように、

$$4p \rightarrow {}^{4}He + 2e^{+} + 2\nu e + 26.2\ MeV$$

と書き表せる。

このp–p核融合反応により、一グラムの水素から一八万キロワット時の熱エネルギーが発生する（それに対し、石炭一グラムを燃やすと一〇ワット時ほど）。

いいかえると、太陽が現有する水素を現今の熱出力でp－p核融合させても、まだ七百億年ほどはもちこたえることができそうだ。これは永久機関に外ならぬ。だから、もしそのような核融合炉が地上に実現できれば、それはやはり永久機関と名づけて差し支えない代物だ。

超伝導・超流動で第二種永久機関を

第二種永久機関とは——ただ一つの熱源から熱をとり、これを全部仕事に変えて他に何の変化も残さず周期的にはたらく装置——と『広辞苑』は説明する。

そこでたとえばこんな仕掛けを考えよう。環流する水路のほとりに水力発電機をとりつけ、その発生する電力で水路を環流させる装置だ。

エネルギーは、水の流れ→発電機の回転→電力→環流用ポンプ→水の流れ→……と循環する。もし循環過程のどの部分でもエネルギーの損失がなければ、この装置は外からエネルギーを加えなくても、永久に動き続けることができる。

次にこの循環過程のある部分に外部からエネルギー（たとえば、水力）を加えよう。その際、印加エネルギーのすべてを他の形態（たとえば、電力）に変えて取り出しても、装置は何の変化も残さず定常的に動き続けるはずだ。

だからこの装置は、『広辞苑』の定義からも、第二種永久機関といえる。

でもこの種の永久機関を実現するのはきわめて難しい。というのは「エネルギーの損失がなければ」という前提条件を満たすのが不可能に近いからだ。

たとえば、水には分子（H_2O）間の衝突効果により生ずる粘り気（粘性）があり、その流れにはさまざまな形態の乱れが生まれては消え、つまりは流れのエネルギーが水の粘性で消散する。鴨長明道人は語る「ゆく河の流れは絶えずして、しかも、もとの水にあらず。淀みに浮ぶうたかたは、かつ消えかつ結びて、久しくとどまりたる例なし」と。

同様に、電力は電子の流れ——電流——が運ぶが、そこでもミクロな視点からは、電子が導体中の金属原子などと衝突し、電気抵抗を受け発熱する。導電線の抵抗がもたらす送電ロスは、じつはエネルギー問題の足かせの一つなのだ。

右記の例が示す衝突と散逸の効果から、熱力学第二法則が導かれる。「片付けても、片付けても、すぐ散らかってしまうのですよー」——「物事は秩序ある状態から乱雑な状態に進むからだ」——物理学はこう教える。

その熱力学第二法則は、また〈エントロピー増大の法則〉ともよばれる。
エントロピーとは系のとり得る状態数の対数に比例する量で、その値が高い系は自由度が大きく、また別の見方では乱雑だといえる。ミクロな散乱効果により、系は自由度のより大きな状態に移る確率が高く、エントロピーはつねに増大する傾向にあるからだ。

エントロピーに温度を掛けた量が系の熱エネルギーだ。高エントロピーで一見乱雑な系は、自由度が豊富で活動度も高い。そしてエントロピーの増大にともない発熱が起こる。

熱力学第二法則に照らすと、第二種永久機関の実現は不可能なようだ。なんとなれば、散らかった乱雑状態がいったん発生すると、そこから元の片付いた秩序ある状態に戻る確率は稀で、その機関は他に何の変化も残さず周期的にはたらくことができないからだ。

ではこれら永久機関の問題をつかさどる「熱力学」について、再び『広辞苑』に還ると、

熱平衡状態の物理系を支配する物理法則を中心とした現象論的理論体系。古典物理学の一部門。三つの基本法則の上に構成される

と説明されている。

ヤヤコシイので、すこし補足しよう。まず「現象論的」とは先ほどの「ミクロ」に対比する言葉で、「私たちが観測を通じて察知できるマクロ状態の現れ」をいう。水や電気の流れがその例だ。また「古典物理学」とは「量子論や相対論の関与が無視できる物理学の分野」をいう。


ところで、つい先ほど、こんな話をした。

もし古典物理学を超え、核融合の見地から考えると、わが太陽は外からエネルギーをもらわずにいくらでも仕事ができる第一種永久機関の実例であり、この種の永久機関は核融合炉として、地上でも原理的には実現可能だ。

第二種永久機関についても、じつは同様の議論が成り立つ。そう！　古典物理学の範疇を越えれば、第二種永久機関だって実現可能なのだ！


それは〈超伝導〉や〈超流動〉という、完全に無抵抗の導体や無粘性の流体に関係があり、このテーマは二〇〇三年のノーベル物理学賞の対象にもなった。

ミクロの立場で診ると、これらの系の中でも粒子間の衝突や散乱は起こっている。ただそれが流体の粘性や抵抗としては現れず、マクロな流れのエネルギー散逸とは結びつかないのだ。

なぜこんなウマイことが起こるのだろう?

そのわけは量子論的コヒーレンス効果のマクロな発現だと、物理学は説明する。敷衍すると、かなりの数の粒子が、マクロな特性（たとえば、流速）を共有する、互いに緊密に結び合った量子状態を占めると考える。そうすると個別粒子間の散乱によるミクロなゆらぎは起こっても、多数粒子全体のマクロな特性を乱すにはいたらないのだ。

さらに、不正確をもかえりみず、卑近な例で解説すると——近江八景の一つ、三井の晩鐘はその音色で名高い。

グウォ～ンと響くその妙音はすべての銅原子が互いに結び合う単一振動モードのみからなると仮定する（実際はそうでない!）。

ここで微細な撞木を使い、個々の銅原子を突いてやることにする。しかしながら、そんな針先ほどの撞木では、個々の原子を平衡位置から多少ぶらせることはできても、全体としての妙音そのものを励起することはできず、鐘のエネルギー散逸にも結びつかぬ。

これでうまく説明できたかどうか、筆者には心もとない。ともあれ〝超〟のつく現象は、絡み工合が錯綜し、何かとおもしろい。

ニューフロンティアの科学——超伝導の先駆者たち

一九五〇年代から六〇年代前半、アメリカは豊かさと自信に満ちあふれていた。いまにして思うに、それは物質面というよりむしろ精神面においてであった。

一九六〇年、四三歳の若さで大統領に選ばれたジョン・F・ケネディは、就任演説で国民に対し「自分たちのために国が何かしてくれることを望むのではなく、自分たちは国のために何ができるかを考えていただきたい」と語りかけた。

それは、フランスの作家・思想家ジャンジャック・ルソーがものした同趣旨の一文を、彼が終戦の年一九四五年に書き写したルーズリーフノートにはじまる、ニューフロンティア（New Frontier）精神の現れであった。

当時のアメリカの社会は、この言葉の意味する進取の気風が横溢していた。

スウェーデンの王立科学アカデミーは、二〇一〇年一〇月六日、その年のノーベル化学賞を、根岸英一米パデュー大学特別教授、鈴木章北海道大学名誉教授、リチャード・ヘック米デラウェア大学名誉教授に贈ると発表した。

授賞理由は〈有機合成におけるパラジウム触媒クロスカップリング〉法の開発。炭素同士を効率よくつなげるこの画期的な合成法の開発により、プラスティックや医薬品といったさまざまな有機化合物の製造が可能になった。

鈴木、根岸、両氏は、ともに六〇年代、パデュー大学でハーバート・ブラウン教授に師事した。そのブラウン氏自身、一九七九年〈ホウ素を含む化合物の有機合成における利用〉の業績でノーベル化学賞を受けられた。

ご両人受賞後の新聞報道などから推察するに、当時の彼らの研究室は、まさにニューフロンティアの活気がみなぎっていたようだ。パデュー大学は米中西部インディアナ州の大学町ウエストラフィエットにある州立大学だ。

この話を聞いて、わたしは一九六〇年一月イリノイ大学に渡り、同様に活気みなぎる科学研究の現場を目の当りにしたのを思い出した。

イリノイも米中西部イリノイ州の大学町シャンペンアーバナにある州立大学。パデューとはフットボールリーグ「ビッグテン」の仲間同士。われら「ファイティングイライナイ」は「パデューボイラメーカ」とよく戦ったものだ。

イリノイ大学のジョン・バーディーン教授は、一九五六年、ウイリアム・ショックリー博士、ウォルター・ブラッテン博士とともに「半導体の研究、トランジスター効果の発見」でノーベル物理学賞を受けた。

しかしこれは一九四〇年代後半、まだ東部ニュージャージー州のベル研究所にいたころのお仕事だ。

五〇年代のはじめ、バーディーンはイリノイ大学に移り、半導体とともに積年のテーマである超伝導の研究を続けた。

超伝導とは、絶対零度近くの極低温で、ある種の単体金属、多くの合金・金属間化合物で電気抵抗が消失する現象。一九一一年水銀で発見されたが、その後一九八六—八七年には、液体窒素温度で超伝導を示す高温超伝導体がセラミックスで多数発見された。

そして、彼が一九五五年『ハンドブッホデァフィジク』に発表した秀逸の綜合解説は、超伝導に関する当時の実験結果を現象論的に洞察深くとらえていた。

一九五七年二月一六日、バーディーンは、博士研究員レオン・クーパー、大学院生ボブ・シュリーファーとともに、いまやその頭文字をとって「ＢＣＳ理論」とよばれる、ミクロな視点からの超伝導理論を米物理学会誌『フィジカルレヴューレターズ』に提出、また同年三月にはフィラデルフィアでの学会で緊急発表し、多くの研究者の注目を浴びた。

その理論は、なるほど、当時の実験事実をすべて説明したのみならず、その後立証されることになるいくつかの予知を行い、物理学の他の分野にも多大のインパクトを与えた。

一九六二年の春、そのＢＣＳ理論の熱気がまだ覚めやらぬイリノイ大学に、ソ連モスクワ レベデフ研究所のヴィタリィ・ギンツバーグ博士が訪れ、バーディーン、パインズ、シュリーファーらを前に超伝導を語った。

ギンツバーグは、レフ・ランダウ（一九六二年ノーベル物理学賞受賞）とともに、超伝導を含む相転移現象を説明する基礎理論を提唱した人物だ。そして、ＢＣＳ理論の洞察とそれがもたらしたブレークスルー、さらにはバーディーンが高温超伝導について示した理解と支持をも高く評価していた。

講演は、ギンツバーグの両手を高くあげた〝北極熊〟さながらの姿に具象されるように、活気に満ち満ちていた。そして、相互の友情に裏打ちされたニューフロンティア精神あふれるその場の雰囲気は、深くわたしの印象に残った。

一九七二年、バーディーンは「超伝導に関するＢＣＳ理論」により、クーパー、シュリーファーとともに、ノーベル物理学賞を受けた。それは彼にとって二度目の受賞。ちなみに、ノーベル賞を二度受けたのは、他にキュリー夫人の一九〇三年物理学賞、一九一一年化学賞のみだ。

二〇〇三年一〇月七日、ギンツバーグにもノーベル物理学賞が贈られた。授賞理由は「超伝導・超流動の理論に関する先駆的貢献」――共同受賞者はアレクセイ・A・アブリコソフとアンソニィ・J・レゲット両博士であった。

そしてこのレゲット氏も、一九六四年にイリノイ大学の博士研究員として、バーディーンに学んだ人物である。

超伝導――二人の先生の教え

一九六二年六月、わたしはイリノイ大学のデイヴィド・パインズ教授のご指導の下、Ph.D. の学位を取得した。そしてその後一九六三年四月まで、同大学のジョン・バーディーン教授の下で助手として奉職した。

パインズ教授は二〇〇九年九月七―一二日に東京で開かれた《超伝導物質とその機構に関する第九回国際会議》に出席のため来日され、その席上「超伝導理論に関するジョン・バーディーン賞」

を受けられた。

受賞理由は「通常の超伝導体中でのフォノン媒介電子ペアリングおよび核物質中での超流動」の解明。それは、BCS超伝導理論の根幹である、伝導電子間にフォノン（＝音波を量子化した〝粒子〟）を媒介とする実効的な引力が現れる機構、および、中性子星（第2章参照）中の中性子流体の超流動性がパルサーの挙動におよぼす影響に関わっている。


パインズ教授は、一九二四年六月のお生まれでそのとき八五歳。一九五九年に物理・電気両学科の教授としてイリノイ大学に赴任、一九九一年一月に八二年余の生涯を閉じられたバーディーン教授のやや年下の同僚として、隣同士の研究室で、三十余年の長きにわたり、公私ともに親密な関係を保ってこられた。わたしも一九六八年からしばらくの間、同大学の准教授として、両先生の傍らで物理学の研究・教育に従事した。

パインズ先生はいまもアスペン物理学センターやサンタフェインスティチュートの名誉理事を務めておられるほか、カリフォルニア大学デーヴィス校で年に一〇週の講義を担当しておられる。つい最近も、セントアンドリュース大学から名誉理学博士の称号を受け、スコッチウィスキーを堪能してこられた。

そのパインズ先生がこのたび"John Bardeen"と題する一万七千語になんなんとする長文のモノグラフをものされた。

それは、バーディーン教授の人となり、温厚かつ謙虚な人柄、ノーベル賞受賞研究の道程、その間のエピソード、産業界との交流、家庭人としてまた友人や後輩への温かい思いやりの数々など、尽きせぬ思い出を、家族・同僚・友人・後輩の言葉もまじえて、書き記したものである。

モノグラフの第二パラグラフから、その一部を私訳して、以下に紹介する(〔 〕内は訳者の補注)。

バーディーンはまぎれもなく〔科学への情熱を有用な知識の追究に結びつけたベンジャミン・フランクリンのような〕アメリカ型の天才である。科学における天才は、芸術における天才ほど、的確に指摘するのは容易でない。それは、直感力、想像力、広範な洞察力、有意の理工学技術を開花させる卓越した天賦の才能、そして在来の知恵に挑む意欲と能力など、多くの要因の組合せに由来する。加えて思うに、科学における天才にとってさらに大切な要件は、発明の天性、当面する問題への集中力、そして、多重な研究手法を駆使し、問題解決を追究する飽くなき執着心であろう。

トランジスターの発明者であり、ミクロな視点からの超伝導理論開発チームのリーダーでもあったジョン・バーディーンは、これらの徳性をすべて兼ね備えていた。で、彼と、アインシュタイン、ボーア、ディラック、ファインマン、ランダウ、パウリ、オッペンハイマーら、多くの二十世紀の同僚天才物理学者との違いはどこにあるのだろう？ その答えは、彼の一九五六年と一九七二年の二度にわたるノーベル物理学賞のみならず、彼のたぐい稀なる謙虚さ、科学の応用への深い関心、そして、実験家・理論家の区別なしに、たやすく共同研究を進める正真正銘の能力にあるといえる。……

パインズ先生は、モノグラフの最終パラグラフに、《バーディーン教授 九条の遺訓》とも名づくべき「研究者心得」を掲げてくれた。

小節の結びとして、その九カ条と私訳を添える。

◇Focus first on the experimental results via reading and personal contact.（報文の読解や個人的な接触を通じて、まず実験結果に焦点を合わせよ）

◇Develop a phenomenological description that ties different experimental results together.（いくつかの異なる実験結果を結ぶ現象論的な描写を開発せよ）

◇Explore alternative physical pictures and mathematical descriptions without becoming wedded to any particular one.（特定の描像にこだわることなく、代替の物理像や数学的描写を探究せよ）

◇Thermodynamic and other macroscopic arguments have precedence over microscopic calculations.（ミクロな計算より、熱力学的あるいはマクロな議論を優先させよ）

◇Focus on physical understanding, not mathematical elegance, and use the simple possible mathematical description of system behavior.（数学的なエレガンスではなく、物理学的な理解に努力を傾注し、可能なかぎり簡明な数式記法を用いよ）

◇Keep up with new developments in theoretical techniques — for one of these may prove useful.（理論手法の新しい発展に遅れず、有用とみれば採り入れよ）

◇Decide on a specific model as the penultimate, not the first, step toward a solution.（特定のモデルを、最善ではなく、次善のものととらえ、問題解決への足掛りとせよ）

◇Choose the right collaborators.（正当な共同研究者を選べ）

◇DON'T GIVE UP: Stay with the problem until it is solved.（投げ出すなかれ。解決に至るまで問題に踏み止まれ）

6　核融合炉開発の歩み——核融合が解放するエネルギーの利用

『じゃじゃ馬馴らし』——核融合炉ことはじめ

一九五二年、最初の水素爆弾（水爆）が爆裂し、南太平洋にあったエルゲラブ島を壊滅させた。『千の太陽よりも明るく』ロベルト・ユンク著。この書は水爆開発の一部始終とその悲惨さを物語る、わたしが学生時代のベストセラーだ。

水爆は、水素属の物質が核融合しヘリウムになる際に放射する強烈な熱線と中性子線により、生きとし生けるものを広範囲に殺傷し、激甚な放射線障害を引き起こす残虐な兵器である。

水素物質〇・一グラムが核融合で放出する総エネルギーは一トン火薬爆弾の炸裂時に匹敵するというから恐ろしい。

太陽は尽きせぬ光とエネルギーを供給し、生命の誕生にはじまる地上万物の活動を支えてきた。太陽など多くの星が輝くそのエネルギーの源も水素の核融合反応だ。

核融合反応を用いて火力発電などにとって代わる新しいエネルギー源を得ようとの開拓計画が進められている。熱核融合炉の開発計画だ。これが成功すれば「二十一世紀の夢のエネルギー源」になると言いまわす人もいる。

このように核融合は地上の生物のみならず自然界全体のエネルギー問題を左右する重要な物理過程だ。そこでこの際、核融合とはなにか？ すこし勉強してみよう。

原子とは物質を構成するひとつの単位で、各元素のそれぞれの特性を失わない範囲で到達し得る最小の微粒子である。そのサイズはほぼ一億分の一センチメートルで、さらに細かく診ると原子は原子核と電子から構成される。

原子核は原子の中核粒子。原子よりはるかに小さいが、原子の質量の大部分が集中し、陽電気を帯びる。それは陽子と中性子より成り、陽子の数が原子番号、両者の総数が質量数に等しい。

最も軽い気体としてお馴染みの水素は、その原子核が一個の陽子から成る元素。だから水素の原子番号は一、質量数も一である。水素は太陽や地球など太陽系内で最も多くある（質量比で約七十パーセント）元素だ。

ところでこの水素に二種の同位体がある。同位体とは原子番号が同じで質量数が異なる物質だ。一つは重水素（deuterium）だ。その原子核は重陽子（deuteron）とよばれ、陽子一個と中性子一個からなるので、原子番号一、質量数二である。

もう一つは三重水素（tritium）。その原子核 三重陽子（triton）は陽子一個と中性子二個からなり、質量数は三となる。三重水素は天然にほとんど存在しない。

核融合反応とは二個の原子核が融合して原子番号や原子量のより大きい原子核をつくることである。

水素やその同位体の場合、反応生成物は原子番号2のヘリウムと成ることが多い。ヘリウムには原子量3と4の同位体がある。ヘリウム4は自然界に二番目に多くあり、その原子核は二個の陽子と二個の中性子とから成るきわめて安定な粒子でα粒子とよばれる。

熱核融合炉は、重水素と三重水素を融合させ（頭文字をとってＤＴ反応とよばれる）ヘリウム４と中性子が生成する過程を用いる。これは水爆の場合と同じであり、ある条件（高温高密）を満たすとその反応率は爆発的に大きくなる。

一方、太陽の中心部では、その主成分である普通の水素からはじまる核融合連鎖が起こり、ヘリウム４がつくり出される。この水素核融合反応率はきわめて緩やかで、さきのＤＴ反応の場合に比べると、同一条件下でなんと一兆分の一のさらに千億分の一（$=10^{-23}$）程度の割合でしかない。永遠とも思えるながい間、私たちに暖かさの恩恵を与え続けている太陽の秘密は、このゆっくりとした反応率に隠されているのだ。

熱核融合炉構想は水爆に共通する狂暴な性質をもつＤＴ反応にその基盤をもつ。これはある意味で不幸なことだ。

この構想の主目的は、瞬時に炸裂する水爆を飼い馴らして、数秒ほどの間にゆっくりとエネルギーを開放するように仕立てることだ。そのためには、核燃料からなる高温のプラズマを一定時間、真空容器中に保持せねばならぬ。それ自体ヤワな課題ではない。

しかもそれに加えて、放射される高速中性子線群は水爆もどきの苛烈な損害をもたらす。この放射線損害への適切な対策も不可欠である。

この〝じゃじゃ馬馴らし〟はうまくいくだろうか？　お伺いをたてるとシェイクスピアは――それが問題だ――と答えるだろう。

❖　❖　❖　❖　❖

「太陽を地上に」のキャッチフレーズで、熱核融合炉の開発を目指す研究事業が一九五〇年代に始まった。水爆のような瞬時の爆発ではなく、じわじわと制御されたかたちで核融合エネルギーを利用しようというのが、熱核融合炉構想のねらいである。

一九五五年八月ジュネーヴで開かれた《原子力平和利用に関する国際会議》で、当時インド原子力委員会の委員長であった原子核物理学者ホンミ・バーバが発言した「（熱核融合炉開発にいたるための）技術上の諸問題は真に手強い。しかし私はあえて予言する。核融合のエネルギーを制御されたかたちで解放する方法が二〇年以内に見いだせる」と。

この発言に表象されるように、この頃の開発関係者の見通しはおおむね楽天的であった。たとえば、一九五五年八月九日付の『ニューヨークタイムズ』紙が掲げた英国原子エネルギー開発公社第一一一三回コミッショナー会議（同年七月二八日開催）のインタビュー記事によると、「きわめて楽観的」「課題の解決に至ることは間違いない」「開発への難題はもっぱら技術的なもの。もうすこし時間さえいただければ……」などなど。

一九五五年から数えて今年（二〇一二）で五七年目——バーバの予言した二〇年はとっくの昔に過ぎ去った。が、熱核融合炉の開発が二十一世紀内に成功するという確たる見通しは、いまだにない。

じつは、DT反応に基盤をおく熱核融合炉構想自体に致命的な欠陥がある。というのは、それが「太陽を地上に」とはほど遠く、むしろ水爆を手なずけコントロールしようという趣意に近いからだ。だから、核融合炉を実現するには根本的な発想の転換が必要との意見もある。

発想を転換するには、熱核融合炉開発計画の問題点を的確に把握せねばならぬ。すこし調べてみよう。

熱核融合炉の問題点
——超高温プラズマの閉じ込めと高速中性子線のおよぼす放射線損害

DT反応に立脚する熱核融合炉の開発研究初期の段階で〈臨界条件〉なるものが明らかになった。それは、核融合によるエネルギー出力が、その状態をつくるのに必要なエネルギー入力の値を超える、言い換えると、エネルギーの収支バランスが黒字に転ずる条件である。
そしてその条件は、重水素と三重水素を混合させた物質を一億度以上に加熱し、大気の一万分の一ほどの密度で数秒以上、器壁に触れぬよう安定に保持すること、という。

問題は一億度以上という超高温である。

この温度で水素物質は、原子核（デューテロンやトリトン）と電子とが離ればなれに行動し自由に飛びまわる、いわゆるプラズマ状態になる。電子は非常に軽いので（質量は陽子のほぼ一七六二分の一）、一億度にもなるとその平均速度が光の速さの約五分の一、これは一秒の間に地球の周りを一周半できる猛スピードだ。というのは、巻末の【エネルギーの単位について】を参照すると、一億度の電子気体で、電子一個あたりの平均運動エネルギーは一万電子ボルト、その速度は光の速さの約五分の一に上る。

つまり超高温のプラズマはとんでもない暴れ者である。

たとえ数秒間とはいえ、この暴れ者をサイズ数メートルの真空容器内に、器壁から離して閉じ込めることなど、至難の技だ。

熱核融合炉ではプラズマを閉じ込めるのに強力な磁場を用いる。原子核や電子のような電気を帯びた粒子は、磁力線に絡み付くように動き、結果として磁場と垂直な方向に〈閉じ込め〉が期待できるからだ。

この原理は粒子加速器の設計には有効に用いられている。しかし加速器は真空中で個別の電荷を磁力線で導き加速する装置だ。核融合で問題とする、高温で密度のあるプラズマとはわけが違う。

磁場がプラズマと組み合わせられた時どのように振舞うかを学ぶには、太陽がよい先生だ。太陽の表面に現れる黒点は磁力線の束のようなものだ。そこで太陽プラズマが磁場と絡み合って強い乱れと爆発現象を起こすことがしばしば観測される。これは、磁場がプラズマを安定に閉じ込めるのにあまり効き目がないことを意味する。太陽の他にも自然界には数多くのプラズマ現象があるが、磁力線の束が高温プラズマを安定に閉じ込めている実例を私たちは知らない。

事実、物理学の基礎原理からみると磁場は高温プラズマの閉じ込めにはあまり役に立たないはずである。磁場の存在は、古典論的に運動する荷電粒子の自由エネルギーに、何の影響もあたえないからだ。

五十年余におよぶ核融合炉開発の歴史は、いかにすれば磁力線の組合せで高温プラズマを安定に閉じ込めることができるか、その方策を見いだす努力の跡といっても過言ではない。そして熱核融合炉に必要なプラズマの磁気閉じ込めが真に可能であるとの実証は、今日にいたってもまだ得られていないのだ。

熱核融合炉計画が内包するもうひとつの難点は、強烈な高速中性子線の放出とそれが誘起する激甚な放射線損害や放射性廃棄物の問題である。

DT反応を式で表すと、

$$d + t \rightarrow \alpha\ (3.5\ \mathrm{Mev}) + n\ (14.1\ \mathrm{Mev})$$

つまり、重陽子と三重陽子を核融合させ、3.5 MeV のエネルギーをもつ α 粒子と 14.1 MeV のエネルギーをもつ中性子をつくりだす反応だ。一メガ電子ボルトというと百億度に熱せられた気体中の粒子が平均としてもつエネルギーだから、それはたいへんな高速粒子だ。

α 粒子は電気を帯びているから、周りのプラズマなどとの電磁気的なからみでなんとか減速できそうだが、中性子はその名の通り電気を帯びていないので、そのまま高速でプラズマを抜け出し、核融合炉真空容器の壁とぶつかってしまう。

炉のエネルギー出力をかりに千キロワットとしても、発生する高速中性子の数は毎秒三五万兆個に達する。これらがもたらす炉壁材や閉じ込め磁石の損傷と放射性廃棄物が第一の問題である。

さらに、炉壁に中性子遮蔽材や〈高速中性子を吸収して〉トリチウムを再生産しようとするリチウムブランケットを配置し、〈有害で危険な〉トリチウムを再生産しようとの企画に附随する〈トリチウム問題〉にどう対処するか、それらすべては高温プラズマ閉じ込め以上の難問といえる。

熱核融合炉材料試験は——開発の鍵

「炉材料の問題は話されますか？」——温和で節度正しいコーン博士にしては珍しい、講演中での質問であった。アスペンエネルギーフォーラムで、二〇〇六年七月一一日の午前中、ゼネラルアトミック社デイヴ・ボールドウィン博士の「核融合」講演中でのことだ。

ボールドウィンの話は要を得ていた。

熱核融合炉を実現するためには、高エネルギー密度の超高温プラズマ——バラバラに飛び回る電子や原子核の集まり——を、ある時間以上真空容器内に閉じ込めねばならぬ。その閉じ込めの方式は大別して三通りある。

まずは磁気閉じ込め、これはプラズマを磁力線に絡み付かせて保持しようとするもの。

次に慣性閉じ込め、これは強力なレーザービームを四方八方からプラズマ目がけて照射し、そのレーザー光の電磁力で圧縮しようとするもの。

最後はピンチ方式、これは円筒軸方向にやはり電磁力でプラズマを圧縮しようとするものだ。

これらのなかで炉として多少とも検討の余地のありそうなのは磁気閉じ込め方式で、その代表が南フランスのカダラッシュで建設されることになっている国際熱核融合実験装置イーター（ＩＴＥＲ）である。そして、たとえこの開発事業がうまくいっても、核融合炉実現の可能性が明らかになるのは、早くて来世紀に入ってからであろうと、ボールドウィンは語る。

筆者もこの見通しには同意だ。そして、前節でも話したように、熱核融合炉計画そのものがもつ本質的な危険を深く憂慮している。冒頭のコーンの質問もこの危険性の指摘に外ならぬ。

先にも述べたように、熱核融合炉は、重水素と三重水素を融合させヘリウム４（3.5 Mev）と中性子（14.1 Mev）が生成する過程を用いる。これは一九五二年太平洋エニウェトク環礁でアメリカが最初に爆発実験に成功した水爆に用いられた反応だ。

不幸なことに、熱核融合炉構想は水爆に共通する狂暴な性質をもつ核反応を飼い馴らそうとの構想に、その基盤を置く。だから、核融合炉の設計には、核反応により発生する高エネルギー中性子線のもたらす放射線障害への適切な対処が不可欠である。

現在のイーター計画は、超伝導磁石を用い、体積八四〇立方メートルの閉じ込め容器内で五〇〇メガワットの熱出力を目指す。それが発する高速中性子線量は、水爆の爆心から一〇キロメートルほど離れた地点とほぼ同じ強度で、しかもイーターの場合は（瞬時ではなく）少なくとも数カ月のオーダーの連続被爆を想定せねばならぬ。被爆下にある超伝導線の耐性をふくめ、私どもは不敏にしてそのような材料工学試験がすでに行われたかどうかを知らない。

コーンの質問もまさにこの点を突いたものであった。講演中には説明がなかったので、彼は終了後再び同じ質問を行った。

ところがボールドウィンは質問の意味がよくわからなかったようだ。聴衆の中から助け舟がでた。それによると、今後五年ほどの間に欧州と日本でその問題解決のための試験研究が行われるとのことであった。

しかし一四メガ電子ボルトという高エネルギーをもつ必要強度の中性子線源は、筆者の診るところ、水爆以外からは得られそうにない。適切な中性子源なしで、意味のある材料工学試験が本当にできるのか？

あらためて考えあわせても、イーターの安全性に対するわれわれの疑念は、残念ながら氷解にいたっていないのである。

国際熱核融合実験装置（イーター）――超伝導磁石による閉じ込め

二〇一一年三月一一日の東日本大震災は、福島第一原発に壊滅的な大事故をもたらし、その結果、世界のエネルギー需給に関わる原発の運用・開発計画は抜本的な見直しを余儀なくされている。原発の核心はウランを核燃料とする核分裂炉だ。それは、広島や長崎に投下された原爆中で起こる核分裂連鎖反応の制御を通じて、核エネルギーの利用に結びつける。

核エネルギー利用のもう一つのアプローチ――核融合炉――は、水爆の原理である重水素（D）と三重水素（T）の核融合反応を制御し、エネルギーの開発に結びつけようとするもので、まだ研究の途上にある。

その研究計画の代表格が南フランスのカダラッシュで建設中の〈国際熱核融合実験装置（ITER：イーター）〉だ。前にも述べたように、それは、超伝導磁石を用いて、燃料プラズマを体積八四〇立方メートルの容器内に閉じ込め、五〇〇メガワットの熱出力を目指している。

この際、過去の経緯もふくめて、イーター開発計画の現況を振り返ってみよう。

科学誌『ネイチャー』の記事「核融合の夢が後れる」（Vol.459, 488（2009））は、次のような展開を報じた。

二〇〇六年、欧州連合（EU）、中国、インド、日本、ロシア、韓国、米国が、この地上でもっとも高価な実験装置の建設に合意したときには、建設費が七十億ドル（五千六百億円）、加えて、ほぼ同額に上る二〇年間の稼働費が見積もられた。

分担は、EUが四五パーセント、残りの六カ国がそれぞれ九パーセントと定められ、装置は二〇一八年に完成し、二〇二〇年には核融合炉の可能性をテストする最初の実験が行われる予定であった。ちなみに、たとえこの開発事業が順調に進んだとしても、熱核融合炉実用化の可能性が明らかになるのは来世紀に入ってからだろうというのが、大方の予想であった。

ところが二〇〇九年になって、その計画がさまざまな困難に直面し、予算の高騰（約四割）もあり、開発実験の質を落としても、計画全体の進行が大幅に後れそうになることが判明した。

しかも、そのとき提案された新しい計画によると、開発研究の生命ともいえるDT反応による中性子線被爆対策など、材料工学上の最重要課題をもともとの設計から除いた、まるで魂の抜けた装置を、予定通りいちおう二〇一八年に完成し、予定より五年後れて二〇二五年に実験を開始するというのだ。

イーターの改変シナリオには次の項目がふくまれていた。

まず、炉壁に中性子遮蔽材や（中性子を吸収して）三重水素を再生産しようとするリチウムブランケットなどの試用が見送られた。さらに、炉壁をタイルで熱遮蔽する効能を試すダイバーターも設置されないこととなった。他に、中性（＝電荷を帯びていない）核燃料ビームを炉内に入射するための加速器、プラズマ追加熱用電磁装置なども、そのとき実施が見送られた。

だから、イーターはたとえシナリオ通り完成しても、実験計画の基幹をなすべきＤＴ核融合反応のテストは想定外であり、その装置では核融合を起こさない通常の水素のプラズマ実験しかできない。

つまり、そのようなイーターは、資金源や運用母体の面では〝国際〟ではあっても、その実質は、〝熱核融合実験〟装置とはほど遠いものとならざるをえない。

さらに『ネイチャー』は「超伝導線のテストが核融合の実験計画を危機に」なる記事（Vol.471, 150（2011））を掲載し、その後の展開を報じた。

東日本大震災は、イーター開発計画を分担している茨城県の日本原子力研究開発機構（ＪＡＥＡ）那珂核融合研究所を直撃し、主要部品の試験装置を破壊してしまった。

その一つに、イーターの中心部に一三テスラの強磁場を発生させることになる、超伝導線を用いてコイル状に巻かれた円筒形の電磁石（高さ一三・五メートル、厚み四・一メートル）がある。その電磁石に使われている、ニオブ・スズ合金（Nb_3Sn）の超伝導線は日本で製作され、二〇年の耐用を保証するため六万回のパルス電流の通電テストを行ったうえで、アメリカでコイルに巻き上げるはずであった。

話をさらにややこしくすると、二〇一一年の秋、イーターの窮状を救うため、当初（二〇〇六年）予算の三倍にも上る二百十億ドルの建設費が、ＥＵ＋六カ国の代表からなる評議会で認可された。そしてイーターは、コスト低減のため、人件費の絞り込みと、超伝導磁石テストの部分的な廃止を受け入れた。

ところがその一年前、二〇一〇年二月に、スイスにある試験機関が前記の超伝導線サンプルの通電テストを行ったところ、わずか六千回で材質の劣化が見られ、二〇年の耐用は無理との結論がくだされていた。

日本のイーター分所所長は、自らのデータをもとにその結論に異議を唱えている。そして那珂の研究所は、中性子散乱を用いてコイル中の歪みや損傷の有無を検証しようとしている。またスイスの試験所も、試験方法に問題がなかったかを再検討中である。その矢先に大震災が起こり、結論はのびのびになった。

しかしいずれにせよ、計画遂行へ超伝導線の本格的な生産ラインを始動させるためには、その耐用試験をクリアすることがまず不可欠だ。

国立点火施設（NIF）――レーザー核融合

熱核融合反応によるエネルギーの開放を指向するもう一つのアプローチがレーザー核融合で、そのための研究施設の代表格が、米エネルギー省の核兵器研究所ローレンスリバモア国立研究所の〈国立点火施設（NIF：National Ignition Facility）〉である。

これはラグビー場ほどの大きさの実験施設に一九二本のレーザーを備え、水素とその同位体（重水素、三重水素）を金箔で包んだペレットを極低温に冷し、レーザー光をそれに集中照射し、その水素物質を、一億度、一千億気圧（質量密度＝～30g/cm^3）に加熱・圧縮し、水爆と同じように核融合を点火させようという仕組みだ。

もしその仕組み通りにことが運べば、水素物質の核融合が放出するエネルギーは、レーザーが注入するエネルギーを超え、レーザー核融合への第一歩と期待されている。

科学誌『ネイチャー』の記事「スーパーレーザーの空振り」（Vol.467, 893（2010））は、このNIFについて、次の展開を報じた。

一九九三年、NIF計画は二つの目的で認可された。一つは、核兵器の整備に役立つ核反応データを収集すること、もう一つは、未来のエネルギー源として、上記レーザー核融合方式を追い求めることであった。

しかし、この計画のはじめの数年間は、運営の拙さや技術上の難点隠しなどが露呈し、大方の批判のもと、実施が滞った。よって、二〇〇〇年に予算や組織を再検討のうえ組み替え、点火達成の目標を二〇一〇年に置き、二〇〇六年のエネルギー省予算請求に組み込まれた。

NIFの建設は、そういった経緯をへて、二〇〇九年の三月、約四千億円をかけて、ついに完成した。

が、それと同時に、エネルギー省の核安全担当副長官は、二〇一〇年の点火目標を、もともとの触れ込みとは異なる点火実験なるものに格下げした。

つまり、現実に点火せずとも、その実験で点火の可能性を実証してみせるというわけだ。

そして二〇一〇年九月二八日、その実験がリバモア研究所で行われた。

レーザーが注入したエネルギーは一メガジュール（＝百万ジュール）、二〇〇九年末に達成された〇・七メガジュールは超えたが、点火に必要とされる一・四―一・五メガジュールにはほど遠いものであった。

加えて、ペレットが核融合に不向きな組成となっており、また、レーザー出力をさらに上げると（集光装置などの）光学系を過熱破壊する怖れもあり、核融合の点火とは無縁の実験で終わった。

超新星を地上に――高密核融合炉は？

これまで述べたように、ＤＴ反応による核融合炉構想に固執するかぎり、超高温プラズマの閉じ込めと高速中性子線放射の問題は避けて通ることのできない障壁となる。

ではここで発想を大きく転換して、超高温プラズマを使わず中性子のでない核融合炉が可能であろうか？

すこし考えてみよう。

常温常圧ではもっとも軽くて電気を流さない気体として知られる水素も、星の内部のような超高密状態では〈金属水素〉とよばれる通電性の物質となる。

水素は宇宙組成第一位（質量比で約七十パーセント）の元素、言い換えると、この世の物質は主に水素からなる。だから、金属水素の性質を知ると、天体の形成や進化を理解するのにも役立つ。

金属水素は核融合研究でも重要だ。金属水素の特徴を表す言葉に〈量子液体〉がある。水素の原子核（陽子）はもっとも軽いので、量子力学での物質波としてとらえた場合、その波長はいちばん長い。だから、原子核間の衝突を意味する波相互間の干渉は金属水素中でもっとも著しく、その結果、水素の関与する核反応率は他種の元素がからむ核反応率より、格段に大きくなる。

核融合炉の発想を大きく転換し、超高温プラズマを使わず中性子のでない炉構想に到達するのにも、金属水素が鍵となりそうだ。私たちはこのことを十年以上も前から唱えてきた（『日本物理学会誌』（Vol.62, 98（1998)））。

普通の水素に少量の重水素を混合した物質を一立方センチメートルあたり二〇グラムの密度で、

摂氏六三〇度付近、一〇億気圧ほどの液体金属状態に加圧する。すると陽子と重陽子の〈高密核反応〉が効率よく起こり、核燃料一グラムあたり一二〇キロワットのエネルギー出力が期待される。反応により生成されるヘリウム3は低エネルギーの安定な原子核であり、放射されるγ線（電磁波の一種）のエネルギーも十分低く、周囲の物質に放射線損害を起こしたり放射能を誘発したりする怖れはない。

液体金属状態にあるこの高密核融合物質には、熱核融合炉心の超高温プラズマに付きものの不安定現象もまた無縁である。

高密核反応とは耳慣れない用語だが、これは天体物理学からの借り物だ。「高密」を意味するギリシャ語“πυκνοσ”から“pycnonuclear reactions”が造語された。そして、この種の核反応過程が超新星の発現機構に関連づけられて詳しく調べられている。

太陽など恒星がエネルギーを放出しながら進化していくと、ついには白色矮星とよばれる、熱核反応をし尽した状態におちいる。大ざっぱに言うと、これは太陽ほどの星を地球くらいの体積に押し込めたような天体で、その中心部分は一立方センチメートルあたり百トン以上の高密な炭素や酸素などからなる。

高密核反応はこのような超高密金属の中で起こると想定され、Ia型超新星爆発の引金になるとみなされている。

では高密核反応はどんな原理で起こるのだろうか？

通常、液体金属中には、陰電荷を帯びた軽い電子が無数に存在する。だから電気を通しやすい。それらは、動き回りながら陽電荷を帯びた原子核間の（クーロン）反発力をやわらげ、核同士がぶつかり融合するのを助ける——これが第一の効能だ。

第二に、このような高密液体金属は、もうすこし温度を下げると固体金属に転移しそうな状態にあることに注目する。いわば摂氏0度直前の水のような状態と思えばよい。

「固体に転移しそうな」ということを、物理では「原子核間に強い凝集力がはたらく」といい表す。凝集力は一種の引力であり、核反応率を大きく増倍させる効き目がある。

高密核融合炉の原理を検証する実験の具体案を示そう。

出発点として、一ミリグラムの水素物質を封じ込めた核燃料ペレットをほぼ一〇気圧に予圧し、液体ヘリウム温度（摂氏マイナス二六五度あたり）に冷やす。

そして一〇〇メガワット以上の強力レーザーを用い、強力でしかも穏やかな断熱圧縮の方法を選ぶ。すなわち、一〇〇マイクロ秒以上の時間をかけて、水素物質をゆっくりと、一立方センチあたり二〇グラム——一〇億気圧に加圧する。

　そうした注意を十分にはらって水素の核燃料物質を圧縮すると、核融合熱出力一二〇ワットの、高密核融合を検証する最終状態に到達できそうである。

　高密核融合の研究は原子核物理・物質科学・天体物理学にまたがり、広範囲かつ先駆的な科学上の課題を多くふくんでいる。高密核融合金属水素を実現するには、上述のように、極低温物理技術とレーザー加圧技術を組み合わせた、先端的な研究体制が必要である。

　そして、この反応を用いる高密核融合炉は、「超新星を地上に」とでもよびたいような、夢多い開発計画である。

7 生物圏の環境保全——地球上でもっとも複雑なエネルギーシステム

温室効果とは——生物の炭素同化との関わり

今世紀人類の命運にも関わる重要課題は、以前にも話したが、再生可能なかたちでエネルギーの需給を確保すること、そして、温室効果ガス（以下「温室ガス」と略称する）の蓄積による地球温暖化を阻止することである。

『広辞苑』を引くと、そこでいう〈温室効果〉とは「可視光線は透過するが赤外線を吸収する物質が存在することによって、気温が上昇すること」とある。つまり、温室ガスとよばれる二酸化炭

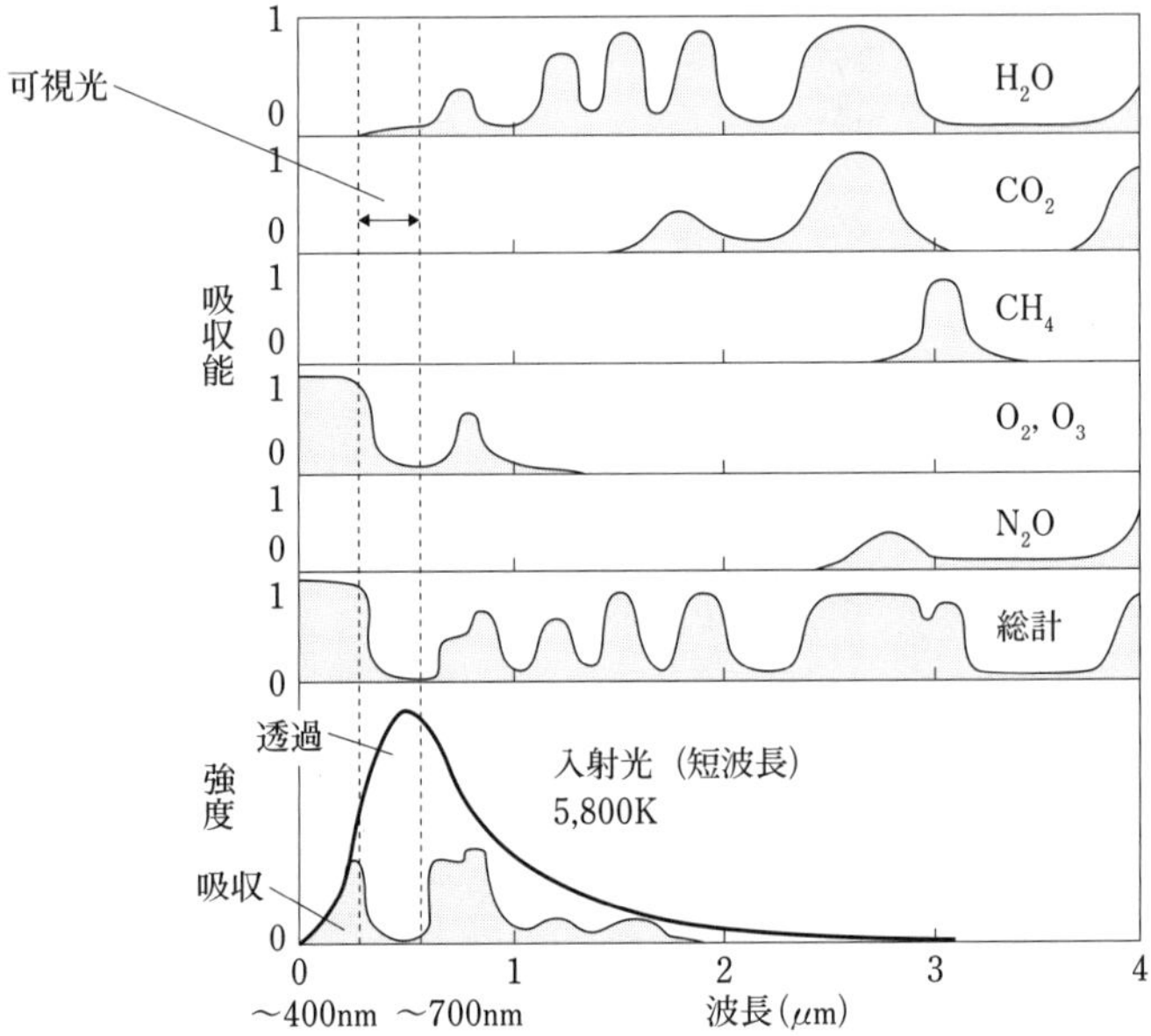

図 7.1　太陽からの入射光スペクトルと種々の分子の吸収効果（ソコロフ博士提供）

素（CO_2）やメタン（CH_4）などが大気中に蓄積すると、地球温暖化が進むということのようだ。

でもなんだかすっきりしない。——なぜ可視光線や赤外線が関係してくるの？　そして、なぜそれが気温の上昇をもたらすの？——その説明は書かれていないのだ。

そこでこれらの疑問に答えるためにも、地球表面での熱エネルギーの収支貸借関係を、図7・1と7・2を参照しながら、詳しく調べよう。

図の横軸は光の波長を表す。可視光領域は約四〇〇ナノメートルから約七〇〇ナノメートル（1 nm = 1

$\times 10^{-3}$ μm = 1×10^{-7} cm)、それより長い波長の光を〈赤外線〉、短い波長の光を〈紫外線〉とよぶ。また、図の縦軸は吸収能や光の強度を表す。

まず、地球全体のエネルギーの収入――それはもちろん太陽からだ――を見てみよう。太陽は地球表面に1.4 kW/m^2の割合で熱放射のエネルギーを注いでおり、その放射の実効温度(T_e)は、太陽の表面温度とほぼ等しく、絶対温度で五八〇〇ケルビン(K)だ。図7・1の下方に示す波長〇・五マイクロメートル(1 μm = 1×10^{-4} cm)でピーク値をとる入射光の強度分布に見るように、この温度に対応する波長〇・五マイクロメートルの電磁波は黄緑の可視光にあたる。

さて、このように太陽から地球に注がれた熱エネルギーは、どのように処理されるだろうか?太陽から入射するエネルギーのうち三一パーセントは、大気の上層部でそのまま反射され、残りの六九パーセントは一部大気に吸収されたあと地表にとどく――このことにまず留意しよう。

太陽光中の赤外線は、大気中の水蒸気(H_2O)、二酸化炭素、メタン、亜酸化窒素(N_2O)により、また紫外線は酸素(O_2)、オゾン(O_3)により、かなりの吸収をうける。図7・1の上部は、各成

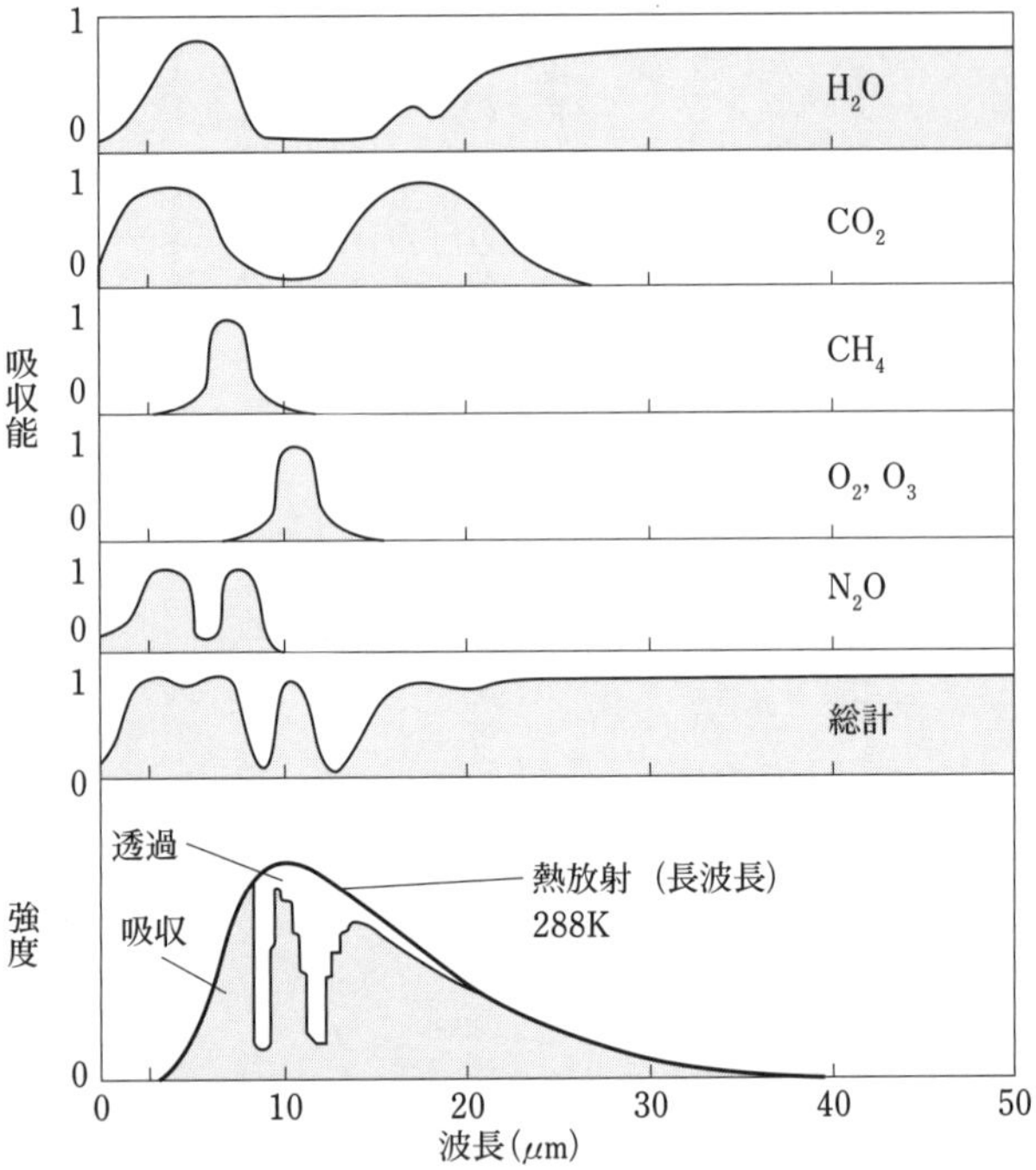

図 7.2　地表からの熱放射のスペクトルと種々の分子の吸収効果（ソコロフ博士提供）

分の吸収能の強さと、入射光スペクトルに及ぼす効果を図示する。

この図はまた、大気が可視光線については透明だということをも表す。これが『広辞苑』のいう「可視光線は透過するが赤外線を吸収する物質が存在……」との結びつきだ。

地球の熱エネルギー収支は経常的にバランスがとれている。つまり吸収分は地球からの熱放射で放出される。

地表の実効温度は二八八ケルビン（＝摂氏一五度）、その熱放射の中心波長は、図7・2の下方に示す熱放射の強度分布にみるように、一〇マイクロメートル――これは赤外線にあたる。

つまり、図7・2の上部が指し示すように、先にあげた赤外線を吸収する物質は、大気中で地球の熱放射をも吸収し、地表の熱エネルギーが地球の外に逃げ出すのを妨げ、その結果地表の温度を上昇させる効果がある。

これが〈温室効果〉だ。

後にやや詳しく述べるが、温室効果、じつは、生命の誕生や生物の成育になくてはならぬ〈炭素同化〉と密接な関わりがある。いま、炭水化物が二酸化炭素を取り込み、酸素を放出し、炭素の数がより多い多糖類に進む炭素同化の過程を考える。その際、温室効果により熱エネルギーを吸収しエネルギーレベルのあがった二酸化炭素の分子は、化学的に活動度の高い状態にあり、その結果炭素同化は助長される。

そのように、炭素同化にはエネルギーが必要だ。

炭素同化に光エネルギーを用いる場合を〈光合成〉という。植物の炭素同化は、主にこの光合成による。

また、細菌類の中には、主に無機物を酸化（燃焼）したときに発生する化学エネルギーを用いて炭素同化を行うものがあり、このはたらきを〈化学合成〉という。

赤外線の効果的な吸収という見方だけを基準にすると、二酸化炭素、メタンなどとともに、水蒸気も温室ガスの範疇に入る。事実、図7・2に見るように、温室効果の効率は水蒸気がもっとも高い。だが、水蒸気は、いわゆる〝温室ガス〟には入れていない。それは、水蒸気の在りようには人為的な要素が少ないからだ。水蒸気は、緯度・高度や季節などによる濃度（湿度）変化が著しく、また、降雨、降雪、蒸発、融解などにおける熱エネルギーの受け渡しによる変動を通じて、むしろ気象の変化を主導する役割を担っている。

それに対して二酸化炭素などは、産業経済活動（農林業をふくむ）など人為的な要素が、多分に関わっている。とくに、二酸化炭素の大部分とメタンの一部は、光合成で植物に固定され地中に眠っていた炭素化合物が、化石燃料の消費などを通じて大気中に呼び戻された結果であり、それぞれ六一パーセント、一五パーセントと温室効果の主役を占める。

だから、このような炭素化合物の出入りを監視することが、温室ガス対策への一つの鍵とみられる。

たとえばバイオマス関連で、サトウキビ、トウモロコシ、廃木材などからエタノールを生成する場合、光合成によって大気から植物に固定された炭化物を燃やすのだから、温室効果としての炭素の収支決算はトントンとみてよさそうだ。

平均地表温度はどう決まるか

化石燃料を燃やすと、大気中に温室ガスが蓄積され、地表からの熱放射（赤外線）を捕捉し、その結果、地球の表面温度が上がる。このことは前節で述べた。

大気中の二酸化炭素濃度は、産業革命（一八〇〇年頃）以前の 280 ppm から、二〇〇五年の 380 ppm にまで著しく増加した。——ここで、体積濃度の単位 ppm（または ppmv）は百万分の一のこと——そして二十世紀の百年間に、二酸化炭素濃度は 80 ppm ほど増加し、地球表面の平均温度は〇・七度も上昇した。

大気中の二酸化炭素濃度が増えると、平均地表温度が上がる。では、大気中二酸化炭素濃度の増分と平均地表温度の上昇分の間にはどんな関係があるのだろうか?

この問に答えるには、地球表面での熱エネルギーの収支貸借関係を、あらためて調べ直さねばならぬ。

先にも話したが、収入のみなもとは太陽だ。太陽の総発熱量は3.85×10^{26} W、地球までの距離は1.5×10^{8} km——だから地球の大気圏外で太陽に正対する単位面積単位時間に受ける太陽の輻射総量（＝太陽定数）は1.37 kW/m^2である。

地球の自転や公転運動を考えにいれると、地表に入射する太陽光のエネルギーの平均値（S_0）は太陽定数の四分の一、つまり342 W/m^2となる。

地球は、熱エネルギーの吸収分を、地球固有の熱放射で放出している。物体の熱放射強度（S）はその表面温度（T）の四乗に比例することが知られているので、比例定数をσとして、

$$S = \sigma T^4$$

と書ける。

地表に入射する太陽光エネルギーの平均値は$S_0 = 342$ W/m^2なので、地球の熱エネルギー収支を経常的にバランスさせるには$S = S_0$でなければならぬ。

ここで$T = 288$ K（＝15℃）と置いてやる。

すると、$\sigma = 5.0 \times 10^{-8}$ W/m^2K^4が得られる。σの値はいわば地球表面の熱放射の効率係数と理解してよかろう。ちなみに、もっとも放射効率の良い媒質（黒体）では、$\sigma = 5.67 \times 10^{-8}$ W/m^2K^4（ステファン－ボルツマン定数）の値をとることが知られている。

では、温室効果はどの程度平均地表温度を変化させるだろうか？

まず、大気中にふくまれる温室ガスが増えると、地表から放射される赤外線を余計に再吸収する。だから、熱エネルギーの経常収支をバランスさせるためには、

$$S = S_0 + \Delta S$$

が必要となる。ここでΔSは温室ガス濃度（C［ppm］）の増加分（ΔC［ppm］）が吸収する放射強度を表す。

$\Delta S \ll S_0$なので、$\Delta S = A\Delta C$（Aは比例定数）と書ける。

一方、地表からの熱放射強度をS_0からSに増やすには、地表の温度をΔTだけ上げねばならぬ。やはり、$\Delta T \ll T$なので、$\Delta S = 4\sigma T^3 \Delta T$と計算できる。

この両ΔSを等値すると、$\Delta T = B\Delta C$（Bは比例定数）が得られる。

最後に、前述の「二十世紀の百年間に、二酸化炭素濃度は80 ppmほど増加し、地球表面の平均温度は〇・七度上昇した」をその式に用いると、求める関係式

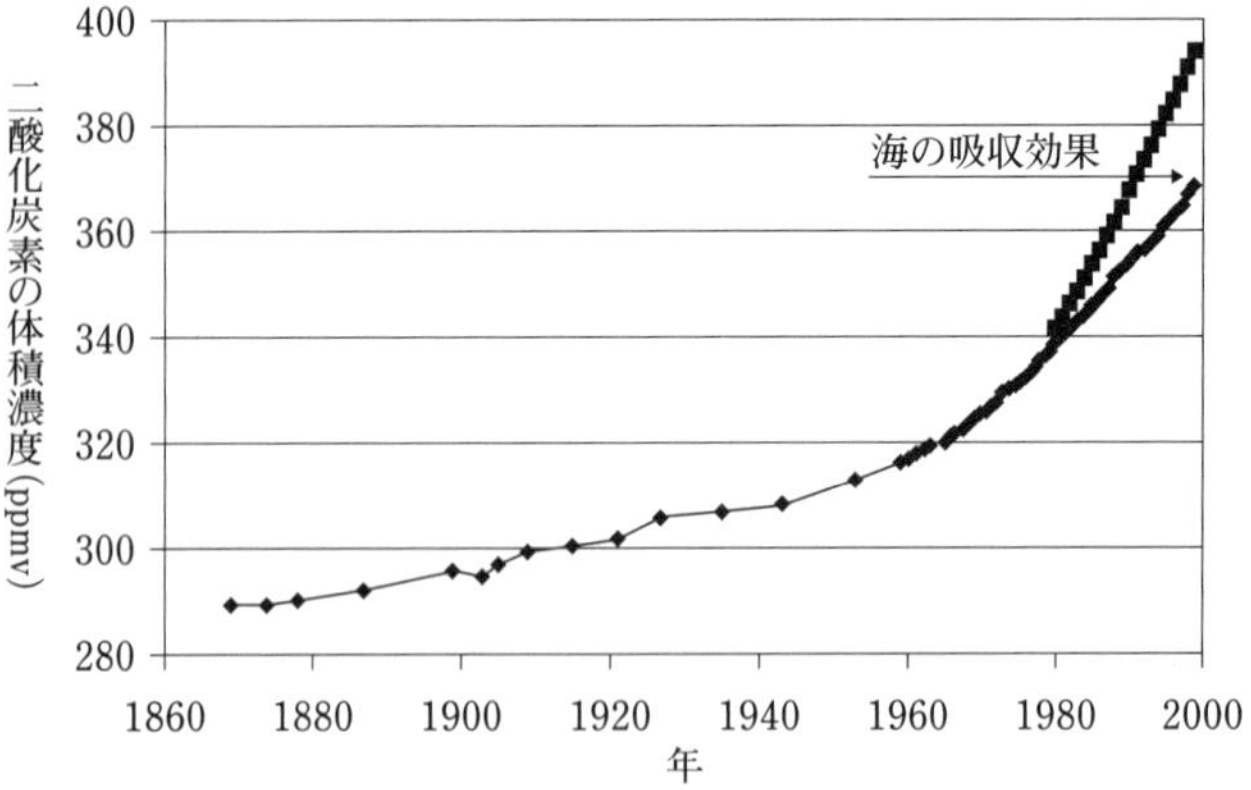

図 7.3 大気中の二酸化炭素の体積濃度の経年変化（ソコロフ博士提供）

$$\Delta T \approx 0.009\Delta C$$

が得られる。これが、温室ガス濃度の増加分と平均地表温度の上昇分を結びつける経験則である。

二酸化炭素と海――排出と吸収

図7・3中の◆印は、前節で問題にした大気中の二酸化炭素の体積濃度が、一八七〇年から二〇〇〇年までの間、どのように変化したかを示す。大気のように希薄な気体では、一分子あたり占める体積は分子の種類に無関係なので、体積濃度は分子成分比と同じだ。

二酸化炭素は水に溶ける。だから海洋は大気中の二酸化炭素の吸収体としてはたらく。

一気圧のもとで水一体積に溶ける二酸化炭素の体積は摂氏三〇度で〇・六六五、液体の水と気体の二酸化炭素とは質量密度が大きく異なることを考えにいれ、この飽和水溶液中の二酸化炭素の分子成分比を計算すると 485 ppm になる。

もし海の吸収作用がなかったら、一九八〇年以降の大気中の二酸化炭素濃度はどうなっていただろうか？　その仮定上の設問にも、図は■印で答える。

つまり、■印と◆印の差分が海の吸収効果を表す。

この図を見てまず気づくのは、これまで一三〇年の間に大気中の二酸化炭素体積濃度は三〇パーセントほど増加したこと。そのうち最初の一〇パーセントは一八七〇年から一九四〇年までの七〇年間に、その次の一〇パーセントは一九八〇年までの四〇年間に、そして最後の一〇パーセントは二〇〇〇年までの二〇年間にであった。だから、期間の逆数にあたる〈濃度一〇パーセント上昇率〉は、ほぼ倍々ゲームで増加したことになる。

次に「もし一九八〇年以降、海による二酸化炭素の吸収がなければ」の■印に着目すると、二〇〇〇年の二酸化炭素体積濃度は一九八〇年の二〇パーセント増であった。ところが実際は一〇パーセント増に止まったのだから、海洋の吸収効果はじつに大きいといえる。事実、化石燃料が大気中に排出する二酸化炭素のほぼ三分の一を海が吸収するといわれている。

表 7.1 化石燃料の消費による年間炭素排出量の推移表

年	1955	1965	1975	1985	1995	2005
排出量（GtC/y）	1.9	2.5	4.5	5.3	6.2	7.0
指標	1.0	1.3	2.4	2.8	3.3	3.7

では化石燃料の消費により大気中にどれほどの炭素が排出されたか。一九五五年から二〇〇五年にわたる年間排出量の推移を、表7・1に表記する。排出量の単位［GtC/y］とは、年間炭素十億トンという意味。また「指標」とは一九五五年の値を一と基準化して各年の値を表したものである。

まず目につくのはこの五〇年間で排出量は三・七倍に激化したこと。とくに一九六五―一九七五年は二倍近く増加した。だから、大気中の二酸化炭素濃度の増分が五〇年間で一〇―二〇パーセント程度に抑えられているのは、ひとえに海洋の吸収効果によるものといえる。

しかしその吸収効果にも限度がある。大気中の二酸化炭素濃度が水中の飽和濃度にじりじりと近づいているからだ。

また七〇億トンという、二〇〇五年の化石燃料消費による炭素排出量は、とてもおそろしい数字だ。先にも述べたように、地球の大気は半径六三七〇キロメートルの球面を覆う厚さ二〇キロメートルほどの薄皮にすぎぬ。そこに一平方キロメートルあたり平均すると年間一四〇トンほどの炭素が排気されているわけだ。

むかし蒸気機関車が全盛のころ、列車がトンネルに入るとあわてて窓を閉めたのを思い出す。そうしないと煤だらけになるからだ。

化石燃料の排気で私たちが煤だらけになることはなさそうだ。その代わり、無色無臭の二酸化炭素が地表からの赤外線をトラップし、温室効果で地球の温暖化を促進しているのである。

台風は蒸気機関車かも――熱機関の観点から

しかもスケールがはるかに大きくて強力なのだ。

蒸気機関車は、石炭を燃やし、ボイラーで高圧の水蒸気を発生させ、それで蒸気機関を駆動し、ピストンの往復運動を車輪の回転運動に換えて進む。だから機関車の熱源は石炭である。が、もちろん台風は石炭を燃やして走るわけではない。

でもすこし考えると、石炭は台風の熱源と無縁ではないことに気がつく。

なぜかというと、石炭など化石燃料は大気中に二酸化炭素を排出し、その温室効果が海面温度を上昇させるからだ。そして、海洋に蓄えられたその余剰熱エネルギーは、海水の蒸発で発生する高湿の暖気に伝達され、その暖気をふくむ大気が熱エネルギーを輸送・伝達（輸達）し、台風を強く大きく成長させる。

温室効果と多発する強大な台風との結びつきは、物理学上も、熱力学過程の見地から興味津々である。それは蒸気機関のはたらきとも共通する、水と大気の状態変化をともなう熱エネルギーの輸達を物語るからだ。

物語の主人公は熱量（W）――エンタルピー＝物質にふくまれる熱エネルギーの量――だ。その変化分 dW は、エントロピーの変化分 dS と圧力の変化分 dP の寄与を、

$$dW = T\,dS + V\,dP$$

と足しあげる。ここで T は物質の温度、V は物質の体積。右辺の第一項は物質の内部状態の変化分、また第二項は加圧による熱量の変化分を、それぞれ表す。

台風や蒸気機関の熱エネルギー輸達では、むろん両項のいずれもが重要な役割を果たす。でもとりわけ興味深いのは、水の状態変化が大きく寄与する第一項の効果だ。

通常の物質は、固体、液体、気体という三つの相状態をとる。

水も例外ではなく、常温常圧では液体であるが、低温では雪や氷の固体、高温では水蒸気という気体に相転移する。

これら三つの相をエントロピーの見地から眺めると、その大きさに格段の違いがあるのに気がつく。先にも述べたように、エントロピーとは系の状態数の対数に比例する量で、物質を構成する分子の運動の自由度と密接に関係している。

分子は、気体中では運動が激しく、ほとんど自由に飛び動く。でも温度が下がって運動が鈍くなると、分子間引力の影響が現れて、分子は集まり液体となる。そして運動がさらに鈍ると、分子は規則正しく配列し、その位置を中心に振動するのみの固相状態に陥る。だから物質のエントロピーは、気体、液体、固体の順で減少する。

相転移にともなうエントロピーの増減は、先の式を通じて、物質に熱エネルギーの出入りをもたらす。この出入りを〈潜熱〉とよぶ。水が気化する際の潜熱、つまり蒸発熱は539 cal/g（100℃）——それは質量にして五百倍以上の水の温度を一度変えることのできる量だ。

水蒸気は液体の水よりエントロピー、そして熱エネルギーを多くふくむので、蒸発の際にそのエネルギーの差額をまかなうため、周囲から熱を吸収する。打ち水をすると暑さが和らぐのはそのせいだ。

この〈打ち水効果〉が温室効果と台風とを結ぶ。

地球の表面は、大気を通して入射する太陽光エネルギーを吸収し、それと等量の赤外線エネルギーを放出している。ところが大気中の二酸化炭素などは、その赤外線の一部をトラップし、地表を暖める。まさに温室の効果だ。

そこで地球はこの暑さを和らげるため打ち水をする。そして、地表にたまった余分の熱エネルギーを、海水の蒸発熱として吸収するのだ。

その結果、熱エネルギーを大量にふくむ、湿った暖気が海面上に現れ、それが台風を駆動する熱媒体としてはたらき、台風をさらに燃え上がらせることになる。

蛇足ながら、蒸気機関車におけるボイラーのはたらきもこれと同工だ。

蒸気機関との類似性を示唆する台風の断面構造を口絵5に示す。図の横軸は、台風の中心からの距離、縦軸は海面からの高さを表す。

台風の中心軸は気圧のもっとも低い〈目〉で、地表から約一五キロメートルの上層大気圏まで上昇気流が吹き抜ける。中心で風速はゼロ、そこから離れるにつれて急激に増大し、半径一〇―一〇〇キロメートルの厚い雨雲に覆われた〈暴風雨圏〉の外縁付近で最大値をとる。そしてその外では減少に転じ、半径一〇〇―一〇〇〇キロメートルの〈強風圏〉外縁で治まる。

図はまた、海水中の熱エネルギーが、打ち水効果を通じて、海面上を流れる湿った大気に伝えられ、中心部で熱含量の大きな渦巻状の上昇気流に転じ、そして水蒸気が凝結し雲となり、潜熱の放出によりジェット状の上昇気流をつくりだし、強大な台風に成長するさまを描写している。

台風がこのように成長するメカニズムを、熱機関の一種である〈カルノー機関〉と結びつけて、口絵5で考察しよう。

それは、次に列記するように、等温膨張⇩断熱膨張⇩等温圧縮⇩断熱圧縮⇩等温膨張⇩……とくり返す〈カルノーサイクル〉を構成すると考えられる。ここで断熱膨張や断熱圧縮などの断熱変化とは、熱力学である系が外部との間にまったく熱の出入りをともなわずに行う状態変化のことである。

【等温膨張A→B】海面上の熱エネルギーを、海水の蒸発熱（539 cal/g）により、温暖で湿度の高い気流へ注入

【断熱膨張B→C】気圧最低の〝目〟で、地表から約一五キロメートルまで上昇気流に乗り、水分の凝結、凝結熱（539 cal/g）の放出、雨雲の形成、上昇気流の加速

【等温圧縮C→D】空間への赤外線放射により熱エネルギー放出

【断熱圧縮D→A】大気の断熱圧縮

いま北緯五―二〇度の海洋上で、台風の卵、熱帯低気圧が発生したとしよう。強風圏の外縁から低気圧の中心めがけて、海面上を大気が流れる。気流の温度は海面とほぼ同じ（～300 K＝～27 ℃）とみてよかろう。そしてそれは、先の打ち水効果で海水の蒸気のふくむ熱エネルギーを取り込んだ、水滴のしたたりそうな暖気となる。

またこの気流は、地球自転の転向力――コリオリ因子とも呼ばれ、緯度の正弦（＝sin）に比例する力――の作用で、中心軸を回る渦巻流に変わる。その渦巻流は、フィギュアスケーターが腕を身体に巻き付けてスピン速度を増すのと同じ原理で、中心に近づくにつれて風速を増す。

さらに中心近くでは上昇気流にのり、温度が下がり、水滴が析出し、雨雲がわき上がる。暴風雨圏はこのような過程を経て成長する。

これが温室効果にともなう台風強大化のシナリオだ。

しかも強大化の勢いは、次節で調べるように、海面温度が一―二度上昇するだけで海面のもつ余剰熱エネルギーを急激に増大させ、台風の強大化をさらに助長する。

だからこの現象は熱不安定性の一種ともみられている。

熱帯の海は台風培養器——温暖化の影響は

二〇〇四—五年には超大型の台風やハリケーンが東アジアや北米メキシコ湾岸を席巻し、激甚な被害をもたらした。発生の頻度も増えたが、何よりも気圧の差や風速で表される中心強度が強く、暴風雨圏が広大なことが目につく。台風強大化の原因は、地球温暖化により南方洋上の水温が一—二度ほど上昇したからだといわれている。

では海面温度が台風の発生や強大化とどのように関わっているだろうか？（ここで断っておくが、台風の成因についてはまだわからぬ点が多いのだ）

一説には、熱帯洋上にある高温多湿の気団にふくまれる水蒸気が上空で液化し、その際の潜熱の放出が引き起こす熱的不安定性が熱帯低気圧を生み出すという。

前節でも話したが、洋上の気団に熱が加わると、温度が上昇し、密度が下がり、その浮力により上昇気流が生じる。千メートルを超える上空に至ると、温度・圧力ともに下がり、水蒸気は凝結し、雲となり、潜熱を放出、それが上昇気流を加速、またスコールによる熱還流で海面上の気団をも加熱し、そこでも上昇気流を加速させる。

ここで水の潜熱が格別に大きいこと――539 cal/g（100 ℃）――に留意しよう。つまり一グラムの水が放出する潜熱は、五〇〇グラムほどの水の温度を一度ほど上げることができるのだ。だから前に述べた熱の環流は、潜熱のはたらきで自己増幅的に進み、海洋表層の熱エネルギーを熱帯低気圧に注ぎ入れることになる。

そしてそのような熱的不安定性が起こるためには、二六―二七度以上の海面温度が必要だといわれる。

台風とハリケーンは発生地域などに違いがあるものの、気象学上は同種の現象である。いずれも北緯五―二〇度の暖かい海面で発生する熱帯低気圧がその源だ。

赤道のごく近くで発生しないのは、地球自転の転向力が赤道ではゼロになるので、渦巻になりにくいから。また高緯度で発生しないのは、大気中にふくまれる熱や水蒸気が不十分なためだ。でも、二〇〇七年夏から秋にかけてのように、日本に近い南方洋上の海面温度が三〇度もの高温に達すると、台風九号や二十号にみるように、高緯度でも台風の強大化が起こる。

発生した熱帯低気圧は、北上するにつれて、海面からさらに熱を採り、強さを増し、台風に昇格する。

熱帯低気圧をつくりだし、台風に成長させ、その強大化を促すためには、どの程度の熱エネルギーが必要だろうか？

南方洋上の水温は近年一―二度ほど上昇したが、その効果は？

これらに答えるためには、台風の圧力や風速の分布とそのエネルギーを知らねばならぬ。


台風の中心は気圧が低く晴天の目だ。周りは暴風雨圏が囲み、さらにその外域に強風圏が拡がる。中心からの距離（r）の関数として――

〈圧力〉は、中心部（$r=0$）でのp_cから、暴風雨圏r_1にいたるまで急増、さらに強風圏r_2（r_1の数倍）まで緩やかに増え、周辺の気圧pに落ち着く。

〈風速〉は中心部でゼロ。rに比例して増え、暴風雨圏r_1で最大風速V_mをとり、その外域強風圏r_2までは、rの平方根に反比例して減少する。（r_1とr_2は〈圧力〉と〈風速〉で各々異なる。それらを等値したのは筆者の近似。）

圧力の変化や風速の分布は、おおむね大気圏の厚み～一〇キロメートルにわたる。

一九五九年九月二六―二七日の伊勢湾台風（当時史上三位の勢力といわれた）を例にとると、

$$p - p_c = 89\ \mathrm{hPa},\quad V_m = 60\ \mathrm{m/s},$$
$$r_1 = 40\ \mathrm{km},\quad r_2 = 500\ \mathrm{km}.$$

これらのデータをもとに概算すると、圧力変化によるエネルギーは7×10^{18}J。風速分布によるエネルギーは3×10^{18}J。それらを足し合せた総エネルギーは1×10^{19}Jとなる。スマトラ沖地震（マグニチュード九・〇）の地震波エネルギー2×10^{18}Jと同程度なのは興味深いことだ。

では、熱帯の海面はどの程度の深さまで、台風を駆動する熱源としてはたらき得るだろうか。その深さを推定するため、『理科年表』（丸善）二〇一〇年版から、二月と八月の紀伊半島潮岬南方約一二〇キロメートル（北緯三三・五度、東経一三五・五度）の黒潮域での〈水温の鉛直分布〉を表7・2に表示し比較する。

水深約一〇〇メートルを超えると水温は地球表面温度の変化とほとんど無関係とみられるので、台風駆動に利用可能な熱源の深さも高々この程度と推定される。

また、同『理科年表』六一四―六一五頁に載録の「世界の表面水温図」には、八月の潮岬沖の表面水温は、黒潮環流のため、熱帯海域とほぼ同じであることが示されている。

表 7.2 潮岬沖の水温の鉛直分布

水深（m）	0	100	200	500	1000	1500
2 月（℃）	18.85	18.47	16.66	10.02	3.91	2.72
8 月（℃）	28.14	20.08	16.19	8.96	3.84	2.59

熱帯の海面水温は、従前通りであれば約二八度——その値は、熱不安定性の必要条件「二六—二七度以上」を一度ほど超えている。しかし、近年は水温がもう一、二度ほどは上がっているので、この場合は二—三度以上の差を見込まねばならぬ。

いま伊勢湾台風の暴風雨圏の面積 5 × 10^3 km^2 に覆われ、深さ一〇〇メートル内の海水に含まれる熱エネルギー中、温度変化一度に相当する分を計算すると、2 × 10^{18} J が得られる。もし二度の温度差分が見込めるとそれは 4 × 10^{18} J となる。これらは巨大台風のもつエネルギーとも遜色ない値だ。

もちろん、海面表層中のこれら余剰熱エネルギーすべてが台風の生成発展に有効にはたらくわけではない。エネルギー伝達率は、海面への太陽放射、蒸発、さらに、海水中、海面、大気中でのエネルギー輸達効率などに依存し、事実上きわめて小さい。

だからこそ台風は、はじめ熱帯洋上で卵（弱小熱帯低気圧）として生まれ、北上するにつれ海から熱エネルギーを摂り集めながら、おとなの台風に成長する。

つまり熱帯の夏の海は格好の台風培養器なのだ。

地球温暖化によって海面温度が一度上がれば培養器の能力も格段に上がる。近年強大な台風がしばしば発生するのはごく自然の成り行きといえる。

二〇一一年 二百十日、野分、彼岸過まで——気候変動の現れ

地球温暖化にともなう気候変動の現れは、二〇一一年の二百十日前後にもみられた。

その年の八月二五日、台風十一、十二号がフィリピンの東方海上に相並んで発生した。筆者が能『二人静』などでみられるシテ・ツレの相舞に模して「相舞台風」と名づけた両台風は、その優雅な命名とは裏腹に、東アジア一帯に、二百十日の前後にわたり甚大な被害をもたらした。

まず、台風十一号。それは八月二六日に最低気圧 920 hPa、風速 55 m/s の猛台風に急成長し、二九日には台湾の台東市付近に上陸、フィリピンや台湾などに死者数十人をふくむ苛烈な被害をおよぼし、三一日中国の華南で熱帯低気圧に変わった。

一方、台風十二号はゆっくりと北上、気圧 965 hPa、風速 35 m/s と大型で強い暴風雨圏をともない、九月一日には四国の南方約六百キロメートルの海上に達した。その後も衰えることなく、時

速二十キロメートルほどでゆっくりと北上、九月三日に高知県の安芸市あたりに上陸、徳島県から瀬戸内海を渡り岡山県に再上陸し、中国・近畿を通過した。その間、五日の午後三時に日本海上で温帯低気圧に変わるまで、和歌山県や奈良県など紀伊半島を中心に広く、山岳地の深層地滑りをふくむ豪雨禍をもたらした。

二百十日、二百二十日前後に吹く暴風や台風のことを野分という。その原意は「野の草をわけて吹く」だ。が、両台風は、その原意とはほど遠く、各地で猛威を振った。

台風十二号が去った後も、太平洋高気圧は本州上空に居座り続け、猛暑がぶり返した。「白露・重陽を過ぎてのこの暑さに閉口しています」友人から受けた葉書のこの書き出しは身にしみた。

そしてこのたびの台風十五号だ。

中心気圧が 960 hPa、中心付近の最大風速が 40 m/s、強くて巨大なこの台風は、太平洋と大陸に張り出した高気圧に行く手を阻まれ、沖縄近海で三日間かけて反時計回りの小円軌道を描いた後、太平洋高気圧のわずかな後退と偏西風の南下を見すまし、北東に進路を変えた。

そして九月二〇日午後一時、種子島の南南東約百六十キロメートルの海上を、台風十二号と同様時速二十キロメートルのゆっくりとした速度で進んだ。その広範囲におよぶ雨雲は、台風十二号と同様、紀伊半島をふくむ広範な地域に大雨を降らせ、豪雨禍の爪痕として遺された土砂ダムにも決壊の危機をもたらした。

紀伊半島は名だたる多雨地帯だ。でも、土地の古老は「このように苛烈な豪雨禍はこれまで聞いたことがない」といわれる。今回の豪雨禍も急進する地球温暖化による気象変動の現れの一つだ。

台風十五号は、その後速度を速め、九月二一日の正午ごろには潮岬東北東三〇キロメートルに達し、豪雨禍は東海地方にも広がった。そして、二二日九時ごろ北海道に達し、二三日九時には温帯低気圧に変わり千島近海に抜けた。

台風一過、秋の訪れは、彼岸過までかかった。

迫りくる気候危機

この数年来、地球上の各地で、四季折々のたたずまいとその移り変わりに、それまでになかったさまざまな異常現象が現れてきた。そしてそれらが、地球温暖化のさらなる進行にともない、ある種の破局的な展開をもたらすのではないかとの予測が、真剣に語られるようになった。

二〇〇九年には、日本でも五月に入って、六日に早くも台風一号が小笠原近海を通過。一〇日には各地で二五度以上の夏日、北海道や関東の一部では三〇度以上の真夏日となり、その二日後に同じ北海道地域が今度は大雪に見舞われた。

そのような事態を反映してか、「国連の気候変動に関する政府間パネル（ＩＰＣＣ）」第四次報告書の表題は“Climate Change 2007”（「気候変動二〇〇七年」）であった。

科学誌『ネイチャー』（二〇〇九年四月三〇日号）の表紙は、天空からぶら下がるいまにも切れそうなロープの先端にとり付けられた“1 TRILLION TONNES”（一兆トン）の刻印がある巨大な黒色の錘が、地球上で上空を見上げる人びとの頭上に迫り、“THE COMING CLIMATE CRUNCH”（迫りくる気候危機）の文字がゴシック体でおどる構図だ。そしてその号は、EDITORIAL（論説）“Time to act”（行動の時）を筆頭に一一編もの解説記事やレター論文などが、地球温暖化の急進にともなう気候危機を論じている。

表題コピーがおもしろい。まず、定冠詞（the）をのぞくと、残り三つの単語がCではじまり、ある種の韻をふんでいる。

さらに目をひくのは、ＩＰＣＣの表題“climate change”が、『ネイチャー』誌のコピーでは

“climate crunch”に置き換わっていることだ。この“crunch”の意味を『リーダーズ英和辞典』（研究社）に問うと、［名詞］として、1．バリバリかみ砕く音／カリッ、ポリッ、バリッ、グシャッ、ザクッ／踏み砕き／かみ［踏み］砕かれたもののかけら、2．［the ～］（口）a 危機、どたんば、大ピンチ／b 肝心な点、とある。つまり、「大ピンチ」しかもバ、リ、バ、リ、かみ砕く音のきこえそうな、せっぱ詰まった状況を指し示す。

物理学などではそのことを「不安定性の勃発」と言い表す。いまの場合、地球温暖化により大気や海洋中に過度に蓄積された熱エネルギーの環流にともなう、巨大な台風やハリケーンの頻発など、気候の不安定性を意味すると解読できそうだ。

先にも述べたように、化石燃料（石油、石炭、天然ガス）を燃やすと、大気中に二酸化炭素など温室効果ガスが蓄積され、それが地表から発せられる赤外線を捕捉し、その結果、地球の表面温度が上がる。これが炭素排出にともなう地球温暖化だ。

二十世紀の百年間に、大気中二酸化炭素の量は208 GtC（1 GtC ＝炭素十億トン）、その濃度は80 ppm 増加し、平均地表温度は〇・七度ほど上昇した。ここで1 ppm というのは体積濃度で百万分の一、つまり、大気一リットル中に一立方ミリメートルの二酸化炭素がふくまれる――を意味する。

人間はこれまで500 GtCもの温室効果ガスを大気中に排出し、いまも年間9 GtC以上の割合で放出しつづけている。もしこの情勢がつづけば、排出総量は二〇五〇年までにたちまち一兆トン(1000 GtC)に達すると予想され、気候の熱不安定危険領域に突入するのは時間の問題とみられる。さらに、世界中の石炭層やタールサンドに含まれる炭素量を考えると、数兆トンの追加排出も想定せねばならず、黙示録的な終末論は現実味をおびることとなる。

この気候危機問題について科学の立場から議論を深めるためには、その熱不安定勃発の閾値なるものをどうとるかが次に問題となる。地球環境の、どの観測量が、どの値を超えたら、破滅の危険領域に突入したと判定するか、つまり、映画『帰らざる河』の"the point of no return"の設定だ。これは非常に難しい問題だ。なにせ、私たちは、温暖化問題の舞台、すなわち、植物と岩石、菌類と土壌、動物と海洋、微生物類と大気が互いに影響を及ぼし合い、絡み合い、織りなし合った大系〈生物圏〉における、温室効果ガスの複合的なサイクル効果については、ほとんど無知だからである。

先に述べた「二十世紀の百年間に、大気中二酸化炭素の量は208 GtC、その濃度は80 ppm増加し、平均地表温度は〇・七度ほど上昇した」が、私たちのもつ、唯一といって差し支えない、経験にもとづく知見なのだ。

件の『ネイチャー』特集号中のレター論文「地球表面温度の上昇を二度以下に抑えるための温室効果ガス排出目標」は、その閾値を「産業革命以降の平均地表温度の上昇が二度」と想定する。そして、二十一世紀末までにその閾値を超える確率は、二〇〇九―二〇四九年の炭素排出量が200 GtCならば約二五パーセント、300 GtCならば約五〇パーセント、400 GtCならば約七五パーセントとなること、また、すべての国が二〇〇八年の炭素排出量を二〇五〇年までに（直線的に）八〇パーセント削減した場合に上記排出量は200 GtCとなり、もし先進国のみが同様に二〇五〇年までに八〇パーセント削減した場合には上記排出量が300 GtCとなることを示した。

それに対し、もう一編のレター論文「炭素の累積排出量が一兆トンに接近することにより引き起こされる地球の温暖化」は、むしろ炭素排出総量に着目する。そして、その値が一兆トン（その半分は、産業革命以降今日までに、すでに放出済み）に達した時点で、平均地表温度は五―九五パーセントの確度で二度（一・三―三・九度）上昇していると予知する。

このように迫りくる気候危機に対処するため、『ネイチャー』誌の論説「行動の時」は、為政者の決断と国際協調をよびかけ、結言としている。

温室効果ガス排出量削減計画——二十一世紀の大枠

「京都」から「新体制」へ——南アフリカで開かれていた《気候変動枠組み条約締結国会議（COP17）》は、「京都議定書」の温室効果ガス削減義務を二〇一三年以降も延長し、すべての国が参加する新体制の枠組みを二〇一五年までに決めるとした「ダーバン合意」を採択し、二〇一一年一二月一一日に閉幕した。今世紀の中長期にわたる温室効果ガス（以下「温室ガス」と略記）排出量削減計画の策定は今後に先送りされた。

これまでに見てきたように、大気中に排出された二酸化炭素などの温室ガスは、地表からの放射熱を捉え、その結果、熱エネルギーが大気や海洋中に過度に蓄積され、地球の温暖化と、それにともなうさまざまな気候変動を引き起こすと考えられる。

この数年来、中国をふくむ新興経済勢力が温室ガスの排出量を急激に増やし、世界の総排出量がそれ以前よりもさらに急増した。そして二〇〇七年には、中国の温室ガス排出量が世界全体の二一パーセントと、米国の二〇パーセントを抜き、世界のトップに躍り出た。

ここで、二〇〇九年一二月にコペンハーゲンで開かれたCOP17の前に、日本の国立環境研究所や欧米などの研究機関が加わる国際研究チームが、気候変動について次の警告を発したのを思いだそう。

◇化石燃料の燃焼による世界の炭素総排出量は、二〇〇八年に8.7 GtC/y（1 GtC ＝炭素十億トン、y＝年）と、過去最大値を記録した。一人当たりの排出量に直すと、それは年間炭素一・三トンに上る。

◇これまでの炭素排出の趨勢はＩＰＣＣが二〇〇七年に予想した最悪のケースシナリオに沿って進んでいる。そのシナリオは化石燃料に依存し高度の経済成長をする場合で、二十一世紀の間に二・四―六・四度の平均地表温度の上昇が予想される。

地球温暖化の進行を抑え、気候変動を軽減するため、「産業革命以降の平均地表温度の上昇を二度以下に抑える」という長期目標が、Ｇ8に中国やインドなど新興国を加えた主要経済国フォーラムなどで、すでに国際的に合意されている。でも、その温度はすでに二十世紀の間に〇・七度ほども上昇してしまっているのだ。

前節で述べたように、平均地表温度の上昇は排出炭素の総量とも関連づけられている。つまり、温室ガスの排出量が炭素一兆トンにまで累積したら、そのときまでに平均地表温度が二度上昇し、破局的な気候危機を招来している確率が高いという。ところで、産業革命以降、その半分に当たる〇・五兆トンはすでに累積済みなのだ。

温室ガスの累積を抑制するため、排出量を五〇年間で二〇〇〇年値（6.2 GtC/y）の半分に削減し、二〇五〇年の排出量を3.1GtC/yに制限する案がICPP2007により提唱された。

この長期目標は、二〇〇七年六月のドイツのハイリゲンダム サミットでも、また同年一二月のインドネシアのバリ島でのCOP13でも、その重要性が確認された。

この節では、現在までの炭素排出の趨勢にそのＩＣＰＰ案を絡め、前述の「二十一世紀末までの累積排出総量を炭素一兆トン以下に抑制」を判断基準に採用し、さらに国連環境計画が提出したCOP17の資料データ――二〇一〇年の総排出量13.2 GtC/y、排出量の増加率0.21 GtC/y/y――も用い、気候変動を軽減するため、二十一世紀に炭素排出量をいかに削減すべきかを考える。

図７・４は、年間炭素排出量のこれまでの推移（二〇〇〇―二〇一〇年、実線）と今後の削減目標を、暦年―炭素排出量面上にプロットしたもの。二〇一〇―二〇五〇年（破線）は、上記の二〇一〇年値と二〇五〇年の目標値3.1 GtC/yを三次曲線でつなぎ、二〇五〇年以降は二〇五〇年値に保つとした。

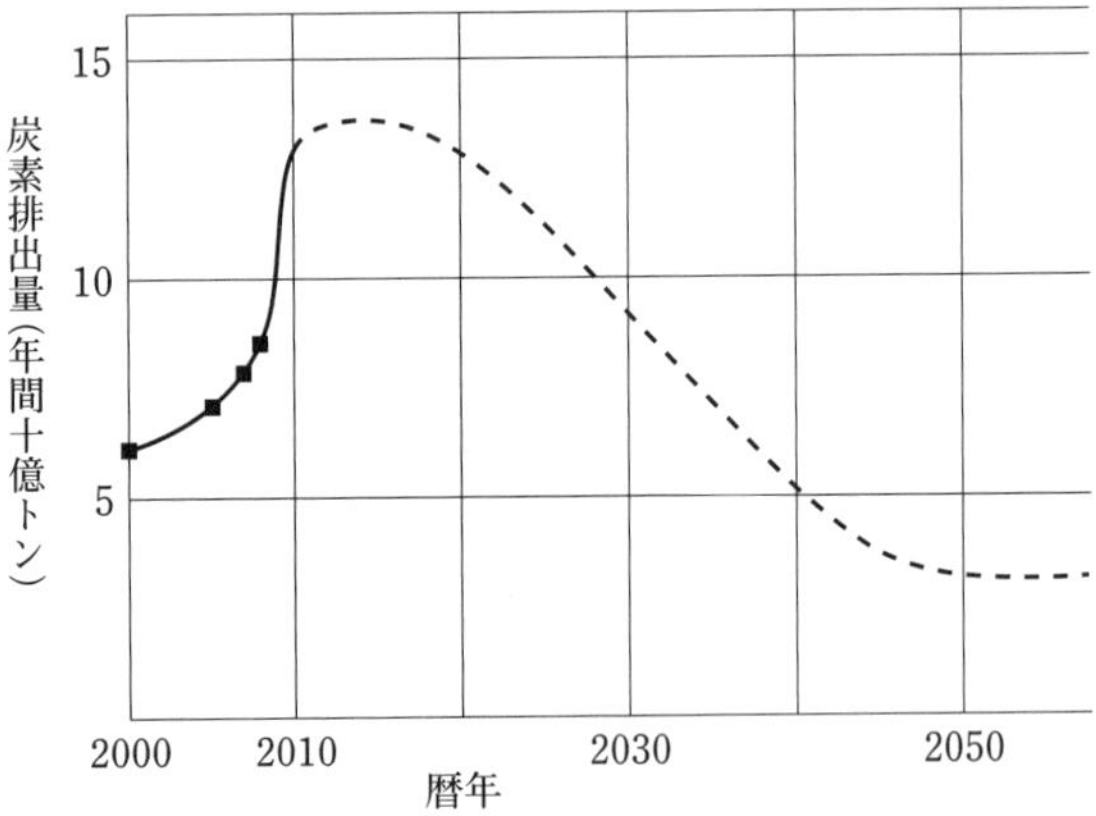

図 7.4　炭素排出量削減計画

だが、この計画を実行しても、二十一世紀の炭素総排出量は、前半ですでに〇・四三兆トン、後半で〇・一五兆トン、計〇・五八兆トン、つまり二〇七五年前後には閾値〇・五兆トンを超えてしまいそうだ。

つまり、この長期目標が成就しても、二〇五〇年までに大気中二酸化炭素の量が 190 GtC ほど増加し、平均地表温度がさらに〇・七度ほど上がることは避け得ぬことになる。

図に示されているように、二〇二〇年は、二〇〇五年から二〇一〇年にいたる急増を反映して、排出量が二〇〇五年値を大きく超える。そうなると、COP13 で示された見解「先進国は二〇二〇年に一九九〇年比二五—四〇パーセント削減が必要」がさらに意味をもってくる。

というのは、二〇二〇年までの中期で開発途上国に必要な経済発展を支えながら総排出量をほぼ定値に保つには、先進国の排出量を大幅に削減せねばならぬからだ。

つまり、そのように大幅な削減がなければ、長期目標「世界の温室ガス排出量を二〇五〇年までに半減」の達成は画餅に帰す――これがその図の教えである。

大気中二酸化炭素濃度の急上昇――気候危機への警鐘

二〇一二年五月一七日付『朝日新聞』の社会欄に小さな囲み記事、その見出しは「大気中の CO_2 初の 400 ppm 超え」そして、

気象庁は一六日、大気中の二酸化炭素（CO_2）の月単位の平均濃度が初めて 400 ppm を超えたと発表した。森林面積の減少や化石燃料の使用増加に歯止めがかかっていない現状が改めて浮き彫りになった。

気象庁は岩手県大船渡市、東京都・南鳥島、沖縄県与那国町の三地点で濃度観測を続けている。昨年の平均値は大船渡市 394.3 ppm、南鳥島 392.8 ppm、与那国町 394.4 ppm で初めて 400 ppm を超えた。

と報じる。

その数年前には、この記事にある「400 ppm 超え」の事態が起こるのは二〇一八年ごろというのが大方の予想であった。だからそれが「二〇一二年」というのは、やはり「かなり早まった」の感が否めない。本節は、その二酸化炭素濃度急増の意味を解読し、地球温暖化にともなう気候危機への警鐘を再確認する。


化石燃料（石油、石炭、天然ガス）を燃やすと、大気中に二酸化炭素など炭素をふくむ温室効果ガスが蓄積され、それが地表から発せられる赤外線を捕捉し、その結果地球の表面温度が上がる。これが炭素排出にともなう地球の温暖化である。

大気中の二酸化炭素濃度は、産業革命（一八〇〇年頃）以前の 280 ppm から、二〇〇五年の 380 ppm にまで、著しく上昇した。その間の増分 100 ppm は、第8章の【氷期と間氷期】で取り扱うように、南極で採取した氷柱からの測定データによる八十万年間の氷期―間氷期サイクルでの総変化分――180−280 ppm の 100 ppm――に匹敵する。そして、二十世紀の百年間にそれは 80 ppm ほど増加し、その結果、平均地表温度は〇・七度も上昇した。

大気中の二酸化炭素濃度は ppm 単位で表記される。1 ppm とは分子数比（＝体積比）で百万分の一の濃度だ。

では、大気中で1 ppmの二酸化炭素は、炭素の総量に換算するといかほどか？　この問に答えるには、大気中の総分子数を知らねばならぬ。そこで丸善の『理科年表』（二〇〇四年版）をひもとく。

地球は半径六千三百七十キロメートルの球体で、その表面を薄皮の大気が覆う。大気の密度は地表で一立方メートルあたり一・二二五〇キログラム、七キロメートルの上空ではその半分だ。これらのデータをもとに計算すると、地球大気の総重量は 6.2×10^{18} kg。そして、空気の組成は重量百分比で酸素二三・一パーセント、窒素七五・六パーセント、アルゴン一・三パーセントだから、総分子数は 1.3×10^{44} となる。したがって、大気中の二酸化炭素濃度が1 ppmというと、大気中には総計2.6 GtC（1 GtC= 炭素十億トン）、つまり二六億トンの炭素がふくまれることを意味する。

大気中の二酸化炭素濃度はどう変わっていくか？　その答は、炭素排出量の動向とともに、海洋や森林などによる二酸化炭素の吸収に依存する。これまでの実績を参考に、その吸収率を、海洋については三八パーセント、森林などについては八パーセントと仮定して、以下の計算を行う。

化石燃料の消費により大気中にどれほどの炭素が排出されたかを、一九五五年から二〇〇五年まで一〇年ごとに追跡したのが表7・1だ（GtC/y= 年間炭素十億トン）。

表 7.3 2005 年以降の年間炭素排出量の推移.（ ）内は想定値

年	2005	2007	2008	2010	2015	2020
排出量（GtC/y）	7.0	7.9	8.7	13.2	(13.6)	(12.8)

いま、二〇〇五年のデータ――炭素排出量 7.0 GtC/y、二酸化炭素濃度 380 ppm――を出発点に、排出量をその後も 7.0 GtC/y に保ったとして、何年後に濃度が 400 ppm に達するかを計算すると、その答は二〇一八年前後となる。

ところが前節の【温室効果ガス排出量削減計画】で調べたように、排出量は二〇〇五年以降さらに急増し、表7・3に示すように、二〇一〇年には 13.2 GtC/y に達していた。そこでは、排出量の上昇曲線をなめらかに外挿・延長し、二〇五〇年の排出量削減目標値 3.1 GtC/y に向かい三次曲線でむすび、削減目標を組み込んだ排出量曲線を得た。表7・3で（ ）中の数値はその外挿・延長の結果を表す。

これらのデータをもとに、何年に濃度が 400 ppm に達するかを推計すると、今度は二〇一四年となる。それは実際の二〇一二年に近くはなったが、なお二年ほどずれている。その理由に、次の三点をあげることができる。

1　二〇一〇―二〇一二年の実排出量が、表7・3の想定値より大きい

2　海洋や森林などによる二酸化炭素の吸収率が、前記の仮定値より小さい

3　気象庁の三地点のデータと世界の平均値とが異なる

前節でも述べたが、地球温暖化の進行を抑え気候変動を軽減するため、「産業革命以降の平均地表温度の上昇を二度以下に抑える」という長期目標が、G8に中国やインドなど新興国を加えた主要経済国フォーラムなどで、すでに国際的に合意されている（でも、その温度はすでに二十世紀の間に〇・七度ほども上昇してしまっているのだ）。

そして、このたび確認された大気中の二酸化炭素濃度の急増は、平均地表温度の上昇を抑制するのに、きわめて不都合な事態を招きそうだ。

はじめにも述べたが、二十世紀の百年間に大気中の二酸化炭素濃度は80 ppmほど増加し、その結果、平均地表温度は〇・七度も上昇した。そしてこれは、大気中の二酸化炭素濃度と平均地球表面温度との関係につき、われわれの知る唯一の経験則といってよい。

一方、第8章の【氷期と間氷期】で詳しく話すように、100 ppmほどの大気中二酸化炭素濃度の増加が、生物ポンプなど生物の炭素同化作用による二酸化炭素の輪廻に関わる数千年程度のタイムスケールの間続けば、地表温度の上昇分は一〇度ほどにはね上がることも、考えに入れねばならぬ。

だが当面の、数十年のタイムスケールではたらく最近数世紀の経験則によると、「産業革命以降の平均地表温度の上昇を二度以下に抑える」ためには、大気中の二酸化炭素濃度を500 ppm以下に制限する必要がある。

近年の上昇率から推測すると、大気中の二酸化炭素濃度が気候危機の到来を示唆するその閾値に達するのは、おそらく二十一世紀半ばと推測される。加えて、そのような気候危機の予兆は、ここ数年来世界各地で発生しているさまざまな異常気候からも明らかである。

III　生命圏の進化と展望

人類をふくむ多様な生物種族が、岩石・土壌・海洋・大気と互いに織りなし生育する生物圏では、物質とエネルギーが地球規模で循環して、生命の誕生・進化・熟成の過程が維持されてきた。本章では、それら地球環境に関わる諸問題を再考して、その知見を宇宙生物学の新世界を求める太陽系外惑星の探査に援用する。

8　生命の進化——地球環境の観点から

ロッキーライフ——大気・海洋・地殻のはたらき

カナダからメキシコ湾まで北米大陸の西側を縦断するのがロッキー山脈である。高くそびえる峰はないが、崩れそうな岩山が多く、山歩きにも難渋することがある。

形容詞 rocky の意味を辞書に問うと、岩石と直結した「岩の多い、岩石から成る、泰然とした、頑固な」さらには「不安定な、ぐらぐらする」などの他に、それから派生した「障害の多い、困難な」まである。

英語教室ではないが、ついでに名詞 life の意味も探ってみると、「生命、生存、人生、生き方」など、生命現象の根幹に関わるものがある。

生命とは何か？　これはとっても奥深い問いかけで、落語『浮世根問』の横丁のご隠居でさえ、うまく切り抜けるのは難しい。仮に――生まれる、呼吸する、生長する、自己を増殖する、（外からの刺激に反応して）変化する、死ぬ――を生き物に固有の属性としよう。すると、「燎原の火」がほのめかす〝炎〟は生き物か？　ということになる。

だから、生命を真っ当に定義するには、右に述べた属性のみでは不十分である。単に生長するだけでなく、学習し、進化する、また、外界の変化に反応するだけでなく、調和・適応するのが、命あるものの使命であろう。

開発と称して環境破壊を専横にし、自然との調和を疎かにしているわれら人類は、命あるものの資格があるかどうか、まことにジクジたるものがある。

地球上に生命がどのように誕生したかを考えるとき〈ロッキーライフ〉がとくに深い意味をもつ。クッキングにたとえると、生き物を創るには、適量の炭素（C）、水素（H）、窒素（N）、酸素（O）、燐（P）、硫黄（S）などを水に混ぜ、太陽の光や化学変化のエネルギーを使い、生命体に必要な分子どもに調理するレシピがあればよい。

なかでも炭素は、その特徴的な電子構造によりレシピの主役となり、二酸化炭素（CO_2）、一酸化炭素（CO）、メタン（CH_4）など一炭素分子にはじまり、十数個以上の炭素原子の連鎖構造からなる複合分子——生体活力の源である糖質（炭水化物）、生体膜を構成する脂質（脂肪）、さらにはタンパク質の主要成分となるアミノ酸類——を造成する。

このような複合分子群が生成されると、それらをさらに多数鎖状に結びつけ、生命体を構成するのに必須なＤＮＡなど重合体（ポリマー）が形成される。そして、エネルギー変換をつかさどる新陳代謝機能と、ＤＮＡ分子などを複製する自己再生機能、さらにそれらを外界から隔離する膜組織の形成により、生命が誕生する。

このように話すと、生命はいともたやすく地球上に発生したかに思える。

しかし事実はそれに反し、生命の誕生は途方もなく障害に満ちた〝ロッキー〟なプロセスであった。

振り返ってみると、われわれの地球はほぼ四六億年前に形成されたが、初期の五億年ほどは、その表面がつねに小惑星の爆撃に遭い、生命など発生できる状況ではなかった。

しかし、その後数億年の間に、太陽エネルギーなどの助けをかりて、生命の熟成に関わる光合成などの化学過程が頻繁に起こるようになったと考えられる。

生命創成のドラマには、空気（大気）、水（海洋）、それに加えて岩石（地殻）が出演するといわれる。そして、その中で海と大気が主役、岩石はほんの脇役とみられていた。が、最近の研究によると、生命誕生劇で、岩石は単なる脇役ではなく、海や大気に劣らぬ肝要な役割を果たしていたことがわかってきた。

まさにロッキーライフだ。

まず、岩石は、水や空気にはふくまれていない、燐や硫黄など特殊な元素の供給元になる。これらは塩基として海水中に微量ながら溶け込む。

また、岩石はその多孔質の特長を活かして、複合分子類やポリマー類が、永い永い間にわたり苦難の進化を遂げ、ついに生命の誕生に至るのを助ける、いわば、ゆ、り、か、ごの役割を果たす。

一つの例として、炭水化物が二酸化炭素を取り込み、酸素を放出し、炭素の数がより多い多糖質に進む、光合成の過程を考えよう。

海水中に溶け込んだ二酸化炭素が、やはり海水中を浮遊する炭水化物と遭遇合体する確率はきわめて小さく、このような光合成が起こるには無限とも思える永い時間がかかる。このことを下世話には「盲亀の浮木、優曇華の花」という。

もともと生命の誕生は億年のスケールで考える現象であるから、盲亀の浮木は覚悟の上である。ただ問題は、糖質が海中を浮遊する間、二酸化炭素との光合成に成功する前に、太陽の放射する紫外線でばらばらに分解され、むしろ低級な化合物に退化することだ。

ここで岩石の割れ目や細孔が炭水化物ら複合分子に隠れ家を提供すると考えるのはどうだろう。いまの言葉でいうと、小惑星や紫外線の爆撃を避けるシェルターだ。ただ、紫外線を遮ると、当然太陽光そのものも直接には届かないので、ここは化学エネルギーによる合成に頼らねばならぬ。

岩のゆりかごで生命が数億年にわたるこのような苦闘の末に誕生を遂げたと考えると、生きとし生けるものが格別いとおしくなる。

私たちの地球は、生命誕生劇の主役を務める大気、海、岩石すべてを備えた、宇宙でも希有の天体である。十数億年を超える永きにわたり、やっとのこと保たれてきたこの不安定な自然環境を、人間はたかが数百年の浅知恵で破壊し、地上の生命を死滅に導こうとしている。

環境破壊の祟り、それはほんとうに恐ろしい。

「天災は続いて起こる」——寺田寅彦の警鐘

「天災は忘れた頃にやって来る」これは寺田寅彦が言い出した言葉として有名だが、意外にも寅彦自身が書いた文章中には出てこないそうだ（松本哉『寺田寅彦は忘れた頃にやって来る』（集英社新書、二〇〇二年））。

この言葉に近い表現を、岩波文庫版『寺田寅彦随筆集』に探ると、第五巻に【天災と国防】という小品がみつかる。自然災害の続発とその確率について、年廻りという言葉にからめ、彼は「悪い年廻りは寧ろ何時かは廻って来るのが自然の鐵則であると覚悟を定めて、良い年廻りの間に十分の用意をして置かなければならないといふことは、實に明白過ぎる程明白なことであるが、又此れ程萬人が綺麗に忘れ勝なことも稀である」と語る。

さらに読み続けると、「こゝで一つ考えなければならないことで、しかもいつも忘れられ勝な重大な要項がある。それは、文明が進めば進む程天然の脅威による災害がその劇烈の度を増すという事実である」と、地球物理学者の寺田が、八十年ほど前、文明の環境破壊についてすでに警鐘を鳴らしている。

地球上の生物がこれまでに蒙ったもっとも激甚な天災は、六千五百万年前、白亜紀末の出来事で、これは跳梁をきわめた恐竜をも絶滅に追いやった。

一九九一年、メキシコのユカタン半島の尖端で、外輪間のサイズが一八〇キロメートルほどもある、小惑星激突の跡とみられるクレーターが発見された。そして、それがやはり六千五百万年前のものであるとわかり、恐竜絶滅の原因として「小惑星一撃説」が主流となった。

天から降ってきた巨大な物体が、水爆一億個分にも相当する勢いで地球に激突し、燎原の猛火と濃厚な塵埃が地表を覆い、暗く濁った大気は陽光を遮り、気温は急降下し、多くの生物が死滅したというのである。

ところが近年になり「天災は続いて起こる」という学説が台頭した。

発端は、ウクライナと英国の学者が発表した「ウクライナ東部ですでに知られている、サイズが二四キロメートルほどの小クレーター〈ボルティィシ〉の発現年代をあらためて調べ直したところ、それは六千五百万年前であることがわかった」との報告。さらに、英国のチームは、北海に沈むサイズ二〇キロメートルほどの同心円状のクレーターが、やはり同年代のものであることを突き止めた。

「地球上には百七十以上ものクレーターが確認されているのに、(探索・調査が不徹底のため) 衝撃の年代がわかっているのはその半数ほどにすぎない」そうだ。そしてここ数年間に集められた新しいデータは〈多重衝撃説〉を支持するとのこと。

ある学者は「一撃説を信奉する守旧派は頑迷で、なかなかこの新しい証拠を認めたがらない」という。加えて「イギリスのバスを見てごらん。一時間待つと三台ほど続いて来るではないか！　天災も同じようなものさ！」とも。

しかしこれらの〝証拠〟を診て筆者が思うに、多重衝撃説と一撃説とは相矛盾するものではなく、むしろ両方とも正しそうである。

このところ毎年一一月一八日前後に世界を騒がす〈しし座流星群〉は、地球がテンプル・タトル彗星の残した塵埃の中を通過する際に観測される。小惑星も彗星に似て脆い天体である。その図体がいくらでかくても、一体のままで地球に落下する確率はまず少ない。落下体は表層などがばらばらに剝離し、群れとなって大気に突入したとみるべきであろう。

だからこの意味で多重衝撃説は自然である。

では現有の証拠から診て、なぜ一撃説も成り立つのであろうか？

それを知るには、落下隕石の衝撃度を検討してみればよい。落下物体は、多くの惑星と同じく質量密度が水（1 g/cc）程度、またその直径はクレーターサイズの五分の一と仮定する。と、ユカタン半島に落ちた物体の衝撃エネルギーは、ほぼ水爆一億個分となる。

これに対し、ウクライナへの落下体のエネルギーはその四二〇分の一にすぎない。これも水爆二四万個分にあたり、途方もないエネルギーではある。でも恐竜の死滅に至るとどめの一撃は、ユカタン半島のものであったとみるのが至当であろう。

一撃派と多重派はこのように考えると融和できそうだ。

でも、多重派のいう「イギリスのバスを見てごらん。……」は、たとえ軽口としても戴けない。それは「天災は続いて起こる」とまったく関係のない現象だ。

寺田寅彦は、その現象も見事に解き明かしている。もしまだの方は、前記『寺田寅彦随筆集』第二巻にある名品【電車の混雑について】を、ぜひお読みあれ。

恐竜の絶滅——六千五百万年前の大惨事

二〇〇八年の三月末、まだ四歳に満たなかった孫と、上野にある国立科学博物館の地下一階で開かれていた恐竜の特別展示を見に出かけた。

彼は、図鑑などを通じて、恐竜の種族名から生態にいたるまで熟知しており、その特別展示も部屋から部屋へ目を輝かせながら見歩いていた。

博物館を出て、近間のティーラウンジでの休憩のひととき、「どう　おもしろかった?」ときくと、彼は、ややためらいながら、「うん　でも　ホネばかりだった」とつぶやいた。察するに、彼は「ひょっとしたら、生きた恐竜に遭えるのでは……」の淡い期待をいだいていたのではと、その時わたしは感じたのであった。

恐竜はいまから二億三千万年前、中生代の三畳紀に出現した。でも、三畳紀がジュラ紀に移る二億二百万年前、天変地異が起こり、半数近くの動植物種が死滅した。そして、そのとき生き残った恐竜は急速に巨大化し、ついにはティラノザウルスなど体長三五メートルを超える肉食性の怪獣が現れるにいたった。

しかし、六千五百万年前、白亜紀末に起こった天災地変は、それら巨大な恐竜にとっては苛酷な生活環境をもたらし、その結果彼らは絶滅の憂き目をみるようになった。

二〇一〇年三月五日付、『朝日新聞』朝刊の第一面は「恐竜絶滅原因やはり小惑星」の見出し記事を掲載した。それによると、恐竜絶滅の原因は、素粒子物理学者ルイス・アルバレスが一九八〇年に提唱した通り、直径一五キロメートルほどの小惑星が、六千五百万年前に、当時は海であったメキシコのユカタン半島にぶつかったことによる。

その衝突の結果、広島型原爆の一〇億倍のエネルギーが放出され、衝撃波と熱線が走り、マグニチュード一一以上の地震と高さ三〇〇メートルにもおよぶ津波が起きたとみられる。大気中に放出された数千億トンにものぼる硫酸塩や煤が、太陽光を遮り、酸性雨や寒冷化を引き起こし、植物プランクトンの光合成が長期間停止するなど生物の約六割が絶滅したとみられる。

その記事によると、今回、地質学や古生物学、さらに地球物理学など、世界十二カ国四一人の研究者が約半年かけ、さまざまな論文を精査した。そしてその結果、世界約三百五十地点の白亜紀と古第三紀の境目にあたる地層に、小惑星がもたらしたとみられる希少な金属イリジウムや衝突で変質した石英が含まれ、ユカタン半島から遠くなるほどその地層が薄くなっていること、生物の大量絶滅と時期が一致すること、などが確認できたという。

わが孫がひそかに期待したことかもしれないが、いまは恐竜が絶滅しているとしても、私たち人類の祖先が恐竜と同時代を共有したことがあったかどうかは、興味深い問題だ。

実際、十年あまり前に実施された国際的な科学基礎知識テストで、「初期の人類は恐竜と同時代に生きていた」は Yes か No かの問題が出され、日本人の正答率は四〇パーセントであったそうだ。

その命題の正否を判定するには、進化論第一の課題ともいえる〝人類分化の時〟の物証をまず集めねばならぬ。
次の節でその問題について考えてみよう。

人類の分化はいつ？　どこで？

――人は猿から進化した！
ダーウィンはその進化がアフリカの地で起こったとみる。
――どのようにして猿から人が？
――進化の〝枝分かれ〟は、いつ？　どこで？
これらはわれら人類にとって永遠の問いかけだ。

そのダーウィンの進化論（Darwinism）は誤りであり、天地と人間は『旧約聖書』の創世記にしたがって神が創り賜うたとの“Creationism”（＝創造説）が、アメリカ南部の保守層を中心に広がりをみせている。創造説の根底には「すべての存在は、創造主の“intelligent design”（「賢い設計」と訳しておこう）による」との主張が横たわっている。

二〇〇五年八月、当時の米大統領ブッシュ氏も、学校で賢い設計を教えるのはいいことだと語った。賢い設計と進化論の両方を教えても「特定の理論をだれかに押しつけるものではない」し、「多元社会では、未来指向の、もっとも公正な教育法だと思う」というわけだ。

ところで、宇宙や生命の誕生と進化の考究は、まぎれもなく科学の役割だ。でも、賢い設計は科学だろうか？　その証拠は？　というと、賢い設計を主張する面々はコワモテにも、懐疑派に対しいくつかの質問を並べたてる――

・Do you know of any building that didn't have a builder?［YES］,［NO］
・Do you know of any painting that didn't have a painter?［YES］,［NO］
・Do you know of any car that didn't have a maker?［YES］,［NO］

そして、もし答えがYESなら理由を詳しく説明せよと迫る。

設問者の得意顔が目に浮かぶようだ。「そ～れご覧、ダーウィン主義者の皆さん！　設計者の居ない設計がないように、天地と生命の創造には必ず創造主が居るんですよ！」

とはいえ、賢い設計は科学上の検証にはとても耐え得ぬ代物だ。

一方、進化論は、未解決の問題が多いとはいえ、実証を基盤とするレッキとした科学であることに、異論を挟む人はいない。

宇宙開びゃく後、超高温高密のクォーク物質から原子核物質がつくり出され、水素↓ヘリウム↓炭素、窒素、酸素↓……といった核融合反応が進み、さまざまな元素がつくり出され、光合成を通じて炭素の連鎖を骨格とするアミノ酸類から蛋白質、さらにはDNA分子など生体高分子の合成にいたり、ついには生命体が誕生する。

そして、生物は、試行錯誤、突然変異、自然淘汰、最適者の生き残りなど、環境との順応過程を経て進化する。


百五十年ほど前、英国の生物学者トーマス・ハックスレーはその著書で、人はオランウータンよりアフリカの猿に似ていると述べた。

そして、骨や歯、また筋肉や神経などの軟組織、さらには分子やDNAの解析を通じて、現代人とチンパンジー（赤道アフリカ産）の間には緊密なつながりのあることが、いまや明らかになっている。事実、われわれ人類とチンパンジーは遺伝子情報の九九パーセントを共有しているのだ。

このDNAの差違を古生物学の見地から追跡すると、人類とチンパンジーは、いまのチンパンジーとあまり違わない共通の先祖から、七百—五百万年前に進化の枝分かれをしたとみられよう。

原人の化石は、その発見が一九二五年、科学誌『ネイチャー』にはじめて報告されて以来、二〇〇〇年にいたるまで、すべて鮮新世（五千三百—千六百万年前）や前期中新世（七千五百—五千三百万年前）のアフリカ南部か東部で発見された。

これらの圧倒的な証拠を前に、「人類とチンパンジーの分岐は、鮮新世のはじめ、アフリカの東部で起こった」という学界の通説が打ち立てられた。そして、有名な頭蓋骨化石 *Lucy* の属する *Australopithecines* が、人類の先祖ではないかと考えられていた。

ところが、ミシェル・ブルネ博士をリーダーとするフランス・チャド連合の古人類学探索チームは、チャドの荒漠たるザイール砂漠地帯で、六点の（うち一点はほとんど完全な）原始人頭蓋の化石を発見したと、科学誌『ネイチャー』二〇〇二年七月一七日号で報じた。

この原人は、発見国と地域名にちなみ *Sahelanthropus tchandensis* と命名され、通称 *Taumai*（タウマイ）とよばれることとなった。この名は、乾期の終わり近くに生まれた赤ん坊のことで、ザイール地域の言葉で「いのちの望み」を意味する。

タウマイの年代は、その地域で発見された他種の化石と照合した結果、これまで最古とみられていた原人化石より百万年以上も古く、七百—六百万年前と推定された。

その発見は、人類進化の枝分かれの時を百万年以上も昔に戻し、その場所をアフリカ全土に拡げるという、新しいパラダイムを提示した。

さらに、ブルネ博士ら古人類探索チームは、発見された資料を基にタウマイの頭部を復元し、その姿をいまに蘇らせようと考えた。が、だれしもが思うように、これは至難の業だ。なんせ、七百万年の間に蓄積された、地熱や風砂などの及ぼすストレスによる、破断、ずれ、塑性変形、……は、想像をはるかに超えるものがあるからだ。

非破壊検査でずれや変形の程度を推定するため、タウマイの頭蓋骨や下顎骨の化石が高精度のCTスキャンにかけられた。得られたデータは、ゴリラ（一六頭）、類人猿（二〇頭）などの頭蓋骨、八件の原人頭蓋骨の化石についての同種のデータと、詳細に比較し検分された。

その結果、ブルネ博士らの苦心が実り、頭蓋骨の復元作業は一応完了し、〈タウマイ像〉が科学誌『ネイチャー』二〇〇五年四月七日号の表紙を飾ることとなった。

タウマイ像からは次のことがわかった。

タウマイは脳みそが小さく、前歯がニィ～ッとむき出し、犬歯が太く、額が隆起し、まずはチンパンジーそっくりのようだ。が、奥歯はややずんぐり、犬歯の尖り方はやわらかく、顔つきは多分に晴れやか、口吻の突出もおだやか、その点は人に近い。

それに何よりも重要なのは、頭をあげ、前をむき、二本足で歩いていたと思わせる、はっきりとした証拠が見いだされたこと。つまり、復元されたタウマイの頭蓋骨で、眼窩の向く角度は、類人猿より人類のものに近いことがわかったのだ。

だからそれらの特徴を綜合すると、それがしはレッキとした初期人類のお墨付きを授かって差し支えない代物であろうと存ずる次第である。

氷期と間氷期——八〇万年二酸化炭素の輪廻

このように、七百万年ほど前、人類が生物圏に加わったあと、地球は、二百五十万年ほど前から現代にいたるまで、氷期と間氷期の間の準周期的な推移をくり返してきた。

氷期は寒冷で、北半球の広大な陸地は氷で覆われる。対するに間氷期は現今のように比較的温暖で、北半球で氷に覆われる面積ははるかに小さい。

氷期–間氷期 二酸化炭素（CO_2）サイクルの過去八〇万年間の変動の軌跡を記述する四種の実測データを、科学誌『ネイチャー』に所載の論文「極地の海と大気中二酸化炭素濃度の氷期サイクル」（Vol.466, 47–55（2010））から引用し、図8・1に示す。

この図（図8・1）は内容が豊富で、じつに意義深い。

そのデータは南極の氷柱や海底の堆積層の実測から得られ、横軸は八〇万年前の過去から現在までの長期をカバーすることにまず着目する。

次に、データa—dは互いに独立、つまり、ある測定データが別の測定データから導びかれたものではないことを念頭に置く。そのうえで、これらのデータから、現象間の強い相関が読みとれることに留意する。

間氷期を示すグレー域の分布を見ると、氷期-間氷期の変動は五—一〇万年を周期にくり返され、氷期の方がやや長くつづいたようだ。

そして、データbとcの比較から、極地の気温（データc）と大気中の二酸化炭素濃度（データb）が、氷期-間氷期のサイクル変動と同期してきたことがわかる。

氷期は二酸化炭素濃度が小さく、平均気温が低い。これは大気中の二酸化炭素濃度の減少にともなう温室効果の減少による。

が、なぜ氷期で二酸化炭素濃度が減少したか、その原因はまだ明らかではない。でも、もしその原因がわかれば、いまの地球で温室効果の一つの源である二酸化炭素濃度を抑制するヒントが得ら

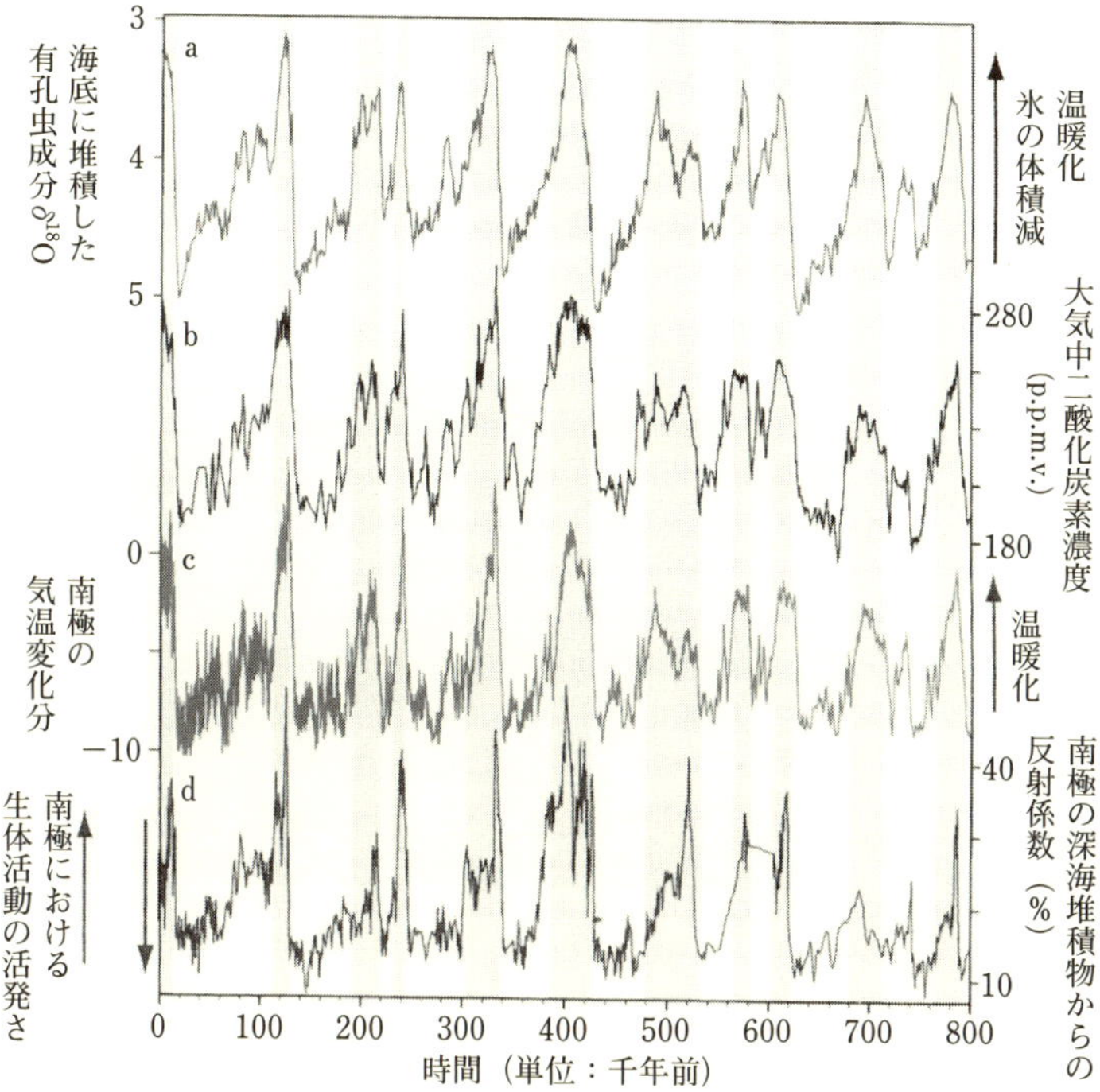

図 8.1　氷期–間氷期 CO_2 サイクル 80 万年の軌跡．横軸は「いま」を原点とし，右へ千年単位で過去にさかのぼる．つまり右端は 80 万年前に当たる．グレー部は間氷期．

a　海底に堆積した有孔虫成分 $\delta^{18}O$．大陸の氷河作用や深海温度の推移を反映．

b　南極氷柱から復旧された大気中 CO_2 濃度（単位：百万分の 1 体積比）．

c　南極の気温変化．南極氷柱の重水素含有量から復旧．

d　南極の深海堆積物からの反射係数．海面の植物プランクトンがつくりだす生物起源の蛋白石の堆積量は，海面から海底に搬入される（有機炭素をふくむ）生体活動に不可欠な物質の量，いわば，海面での生体活動の活発さを映しだす．

（D. M. Sigman *et al.*, *Nature*, Vol.466, 47（2010）より）

れるかもしれぬ。

二酸化炭素は水に溶けるので海は二酸化炭素の大きな貯蔵庫となる。大気中二酸化炭素の分圧は海水中の二酸化炭素濃度との平衡から決まる。氷期–間氷期の変動過程では、その平衡をつかさどるタイムスケールは数千年のオーダーだ。

氷期は水温が低いので二酸化炭素の溶解度は高く、この限りでは二酸化炭素濃度は減少する。ただ、氷期は北半球の広い地表が氷で覆われ、そこでの生体の炭素同化作用が活発ではなく、二酸化炭素濃度の減少は抑えられる傾向にある。


そのような氷期に二酸化炭素濃度を減少させる一つのメカニズムとして〈生物ポンプ〉という複雑な仕組みが考えられている。それは、氷期–間氷期のサイクルに、生物が二酸化炭素をとり込み、炭水化物などを合成する炭素同化作用を組み込む〈二酸化炭素の輪廻〉とからめる考えだ。

間氷期の現今、南半球では、深海に貯えられた二酸化炭素が大気中に放出されている。ところが氷期には、このような南海からの二酸化炭素の洩れだしが阻止されていた――そのことを示唆する証拠が近年見いだされている。

南極付近の海は水温が低く、二酸化炭素をよく貯える一方、生体の活動も弱い。

しかし赤道近く、低緯度の海では、氷期に入っても、燐や窒素など生物にとって栄養価の高い元素の塩基が二酸化炭素と結びつき、有孔虫（石灰質の殻と網状仮足をもつアメーバ様原生生物）や植物プランクトンを増殖させる。

そのような生体物質の増殖は海水のアルカリ化を促す。アルカリ化は海洋の二酸化炭素吸収をさらに助長する。というのは、二酸化炭素は水に溶けると炭酸となり、アルカリと結び付きやすいからだ。

図8・1のデータaとdは、そういった生物起源の海底堆積物の濃度の変化を記録したものだ。氷期にはこの種の生物ポンプがとくによくはたらき、大気中二酸化炭素の吸収で合成された有機炭素を南極付近の海底に隔離する。これが氷期に二酸化炭素濃度のレベルが低下する原因を説明する一つのシナリオだ。

この説明は、もし正しければ、現今の地球温暖化をコントロールするのに一役買うことになるかもしれぬ。

でも、氷期-間氷期サイクルと現今の地球温暖化の問題とを同じ舞台に上げて比較・論考できないことも、事実として認めねばならぬ。理由は、タイムスケールが格段に異なること、そして、変動の要因が本質的に異なることである。

データbとcをいま一度閲しよう。そこに示された八〇万年の間に、二酸化炭素濃度は180–280 ppmvの間を推移し、極地の平均気温はそれにつれて一〇度ほど上下した。

一方、第7章でも述べたように、近年の地球上では、二〇〇年ほど前、産業革命のはじまったころ、二酸化炭素濃度はそれまでの最高値280 ppmvであったのが、その後の化石燃料の大量消費により、二〇〇五年にはさらに380 ppmvに増え、地表の平均温度は〇・七度ほど上昇した。

この380 ppmvへの100 ppmvの増加、これはじつは最近わずか数十年間の出来事であった。そして、その増加分は、なんと、わが地球が八〇万年間に経験した二酸化炭素濃度の変化分と同等なのである。

過去一〇〇年間に平均地表温度の上昇は〇・七度ほどにとどまった。この上昇の原因は、第7章の【平均地表温度はどう決まるか】で考えたように、化石燃料の使用にともなう大気中の温室効果ガス濃度の増加である。が、もしこのような温室効果ガスの状態が、生物ポンプなど生物の炭素同化作用による二酸化炭素の輪廻にかかわる数千年程度のタイムスケールの間続けば、地表温度の上昇分は、図8・1が示すように、一〇度ほどもはね上がることも十分に考えられる。

いずれにせよ、380 ppmvという二酸化炭素濃度は、わが地球が過去八〇万年間にまったく経験したことのない状態である。

今後予期せぬいかなる気象変動が起こっても不思議ではない——というのが現状であろう。

クニマスとサンゴの話——海洋の酸性化

前節で論じた二酸化炭素の輪廻は、海洋の酸性化とも関係があり、地球環境とくに生物多様性にとって重要な問題である。

秋田県の中東部に位置する田沢湖は最大深度四二三メートル（日本第一位）、ミネラル分の高い水質と流入河川の少なさのため、一九三一年の調査では摩周湖に迫る三一メートルの透明度を誇っていた。

しかし一九四〇年、発電所の建設と農業振興のため、別の水系である玉川温泉から pH 1.1 に達する強酸性の水が導入され、その結果、田沢湖は急速に酸性化し、固有種であったクニマスは絶滅、他の魚類もほとんど死滅した。これが酸性化による環境破壊の先がけだ。

いったん酸性化した水質を復元するのは至難の業だ。田沢湖では、一九七二年から石灰石を使った酸性水の中和対策が始まり、一九九一年には抜本的な解決を目指して中和処理施設が本運転を開始、湖水表層部は徐々にではあるが中性に近づきつつある。でも、二〇〇〇年の調査では、深度二〇〇メートルでpH 5.14–5.58、四〇〇メートルでpH 4.91と酸性度が強く、いまだ湖全体の水質の回復には至っていない。

そのような状況下の二〇一〇年、絶滅が危惧されていたクニマスが、卵が放流されていた山梨県の西湖で生存が確認されたとの朗報が飛び込んだ。だが、右記のような水質事情で、クニマスはまだ田沢湖に還っていない。

ここで、すでに何度か現れた、水溶液の酸性度を表す水素指数"pH"を説明しておこう。それは、溶液一リットルあたりに含まれる水素イオン（H^{+}＝陽子）のグラム数の逆数の常用対数で与えられる。

たとえば一気圧、摂氏二五度の水一リットルは10^{-7}gの水素イオンを含むから、そのpH＝7，すなわち中性を表す。そして、pH＜7の水溶液は酸性、pH＞7の水溶液はアルカリ性である。

さて、ふたたび環境破壊に立ち返り、今度はニューカレドニア近海のサンゴ礁が直面する酸性化の問題をとりあげよう（井田徹治『生物多様性とは何か』（岩波新書、二〇一〇年））。それは田沢湖の酸性化問題が地球規模に広がった例とみることができる。

地球上には「生物多様性のホットスポット」とよばれる「その豊かな生物多様性の保全に優先的に努力を傾注すべし」と特定された三十余カ所がある。オーストラリアの東方約六百キロメートルの南太平洋上に浮かぶ島、ニューカレドニアはその一つ。近くには世界遺産に指定された広大なサンゴ礁とそれを保護する海洋特別区もある（ちなみに、日本もホットスポットの一つ）。

陸上・海洋ともに保護すべき多様な生物に恵まれたこの島は、また世界最大のニッケル鉱床をはじめとする豊かな鉱物資源にも恵まれ、第二次世界大戦前から長く盛んに採掘が行われてきた。島は、採掘が終わった後も復元されることなく、放棄された赤茶けた鉱山の跡地がどこまでも広がり、「豊かな自然が残る南太平洋のリゾート」というイメージからはほど遠い状態にある。

二〇〇二年、この島の南端で、カナダの企業を中心に日本の企業も出資して、世界最大規模のニッケル採掘事業が始まった。事業の予定地周辺には貴重な植物が自生する地域が多く、鉱山からの廃水が流されるパイプラインの出口近くにはサンゴ礁周辺の海洋保護区が広がる。内外の環境保護団体や先住民の激しい反対運動がやっと終息に向かい、試験操業がはじまった二〇〇九年四月早々、ニッケル鉱の精錬に使う硫酸が周囲に流出する事故が発生し、環境への影響があらためて危惧される事態となった。

サンゴ礁は、生物多様性を維持するに必須の多種多様な機能——生物の棲息の場の提供／食物連鎖、生物の餌の提供、外洋への有機物・プランクトンの供給……――を果たしている。サンゴ礁はさらに、多彩な地形・空間をつくり出し、複雑な海流を形づくり、また、バクテリア・植物などによる栄養塩類（窒素・燐）の酸化・還元をまかなうなど、物質の循環過程でも得難い機能を発揮している。

でも、さまざまな海洋生物の中で、サンゴはとりわけ酸性化に対し脆弱だ。生物の甲殻や骨格は炭酸カルシウム（方解石、アラゴナイト）からなる。ところが、海水の酸性化が進み、水素イオンの濃度が増すと、それら余分のイオンは海水中の炭酸塩と結びつき、重炭酸塩をつくる。つまり海水中の炭酸カルシウム（炭酸塩の一種）濃度が減少する。そしてこの状態がながく続くと、生物中の骨格成分が海水中に溶けだすようになり、サンゴ礁は死滅に向かう。

その海洋の酸性化、じつは地球の温暖化と直結した環境問題なのだ。化石燃料（石油、石炭、天然ガス）を燃やすと、大気中に二酸化炭素など温室効果ガスが蓄積され、それが地表から発せられる赤外線を捕捉し、その結果地球の表面温度が上がる。これが炭素排出にともなう地球温暖化である。

先にも述べたように、世界の温室効果ガス排出量は、一九九〇年の 5.8 GtC/y、二〇〇〇年の 6.2

GtC/y、二〇〇五年の7.0 GtC/yと着実に増え、大気中の二酸化炭素濃度は二〇〇五年には380 ppmに達した。産業革命（一八〇〇年頃）以前の280 ppmに比べるとそれは著しい増大を意味し、地球表面の平均温度はその間〇・七度も上昇した。

大気中に排出された温室効果ガスのうち、三分の一ほどは海洋に吸収され、数パーセントは陸地で処理される。海洋に吸収された二酸化炭素は、水（H_2O）と反応し、炭酸（H_2CO_3）となり、

$$H_2CO_3 \rightarrow 2H^+ + CO_3^{--}$$

の過程を通じ水素イオン（H^+）を放出し、海水の酸性化に寄与する。

海水は塩分を溶かしているのでアルカリ性である。

しかし、産業革命前の時代から、二酸化炭素吸収による酸性化により、そのpHは〇・一ほど減少し、現在の八・一となっている。さらに昨今の炭素排出率を大幅に削減せぬかぎり、今世紀後半にはpH値がさらに〇・三―〇・四ほど低下（酸性化）しているだろうと予測する科学者もいる。

口絵6は、科学誌『ネイチャー』（Vol.471, 155（2011））からの引用で、大気中二酸化炭素濃度がサンゴ礁の生存におよぼす影響を地図上に図示したものだ。

その上図は二〇〇五年、大気中二酸化炭素濃度は380 ppm——下図は今世紀後半、大気中二酸化炭素濃度が550 ppmに達する時点を想定する。

地図上の色分けは、アラゴナイト（炭酸カルシウムの一種）の海中飽和（最大濃度）レベルによりサンゴの生存適否を判定するもの。三・七五以上（濃青）は最適、三・七五—三・二五（濃青–淡青）は適度、三・二五—二・七五（淡青–黄）はぎりぎり、二・七五以下（黄–濃茶）はきわめて困難を意味する。

若緑は現在のサンゴ礁域を示す。オーストラリアのやや右、大サンゴ礁の中に見られる島（黒影）がニューカレドニアだ。

大気中の二酸化炭素濃度が380 ppmから550 ppmに増えるや、サンゴ礁の生存可能域が極度に狭まることが、この図からみてとれる。

ニューカレドニア近海大サンゴ礁も、二〇〇五年の「適度」から、二〇五〇—二一〇〇年の「きわめて困難」に陥る。

過度の温室効果ガスの排出による海洋の酸性化は、サンゴ礁にはじまる海洋生体系の壊滅につながる究極の環境破壊といえる。

人智圏――生物圏の新しい展望

これまで見てきたように、地球の〈生物圏〉（biosphere）とは、植物類と岩石、菌類と土壌、動物類と海洋、微生物類と大気が、互いに影響を及ぼし合い、絡み合い、織りなし合った大系であり、人類をふくむ地球上の生物の生育環境を形成している。

その中で〈生物多様性〉（biodiversity）とその保全が、地球環境における喫緊の課題として浮かび上がっている。

生物圏は私たち人間にとってもっとも複雑なシステムだ。

そこでの生物多様性をあつかう地球生態環境学は、新開未発達の分野である。だから、問題の対処にあたり、何が事実かについてさえ、専門家の間で意見が分かれることが多い。

そしてその食い違いの根には、価値観に関するより深刻な見解の相違がある。

その相違を思いきり単純化すれば、自然中心主義者と人間中心主義者の価値観の相違といえる。

自然中心主義者は自然がすべてを心得ていると信じる。

物事の自然な秩序への敬意こそが彼らにとっての最高の価値である。人間が自然環境を踏みにじる行為はすべて悪だ。そして、化石燃料の過剰な燃焼と、それがもたらす大気中の二酸化炭素の増加は、まぎれもない悪事となる。

一方、人間中心主義者は人間が自然に不可欠の一部だと信じている。人間は、その知性で生物圏の進化の過程を左右する鍵を握り、人間と生物圏が共存共栄できるよう自然を再編成する権利をもつとさえ考える。だから、人間中心主義者は、人間と自然の知的な共存に最高の価値を見いだす。最大の悪は、戦争や貧困、低開発や失業、そして人間の生存の機会を奪い自由を制限する病気や飢餓である。

このように考えると、自然中心主義と人間中心主義は、とにもかくにも、二つの対立的なアプローチとみることができよう。

では、この二つを対立的でなく協調的にとらえた、第三のアプローチは考えられないだろうか。

それが、旧ソ連邦のヴラディミル・ヴェルナツキーが、二十世紀前半に予見した〈人智圏〉(civilized biosphere) であろう。それは、人間文明により進化変遷する地球生態環境をいう。

ヴェルナツキーは、その人智圏が形をとりはじめるにつれて、地表の大気や水系、さらには生物系も、物理的・化学的・気象的・生態系的に変化をうけることを認め、それと表裏一体の関係で、人智圏の維持が人間の双肩に重い責任を負わせることも認識していた。そして彼は人間にはその重責を果たすだけの能力があると信じていた。

数十億の人類が尊厳ある生活を維持するには、生物圏に相当な負荷を強いることは不可避のようだ。が、生活の尊厳を維持するために、修復不能にまで大規模に生物圏の機能を破壊せねばならぬとは論定されていないのである。

紀元前のラテン詩人で一七、八世紀のイギリスの文化に多大の影響を及ぼしたホラティウスの言葉「適切な物事には、それを超えてもそれに不足しても安定ではあり得ない、定められた限界がある」が、何千億バイトに上る計算機解析より雄弁にそのことを物語る。

ヴェルナツキーの思想の要点は――生命は複雑であり、その振舞いを単純な言葉で記述しようとする学説は、何であれ間違っている可能性が高い――であった。

生物多様性をあつかう際にも、それは忘れてはならないポイントである。

ヴェルナツキーの信じた――人間には人智圏の維持の重責を果たすだけの能力がある――が試さ

れるのは、私たち人間の今後の行動にかかっている。
その意味でも意義ある〈生物多様性条約〉締結への期待は大きい。

9　宇宙生物学の新世界——太陽系外惑星の環境

宇宙人はいますか？——大気・海洋・地殻にまたがる究極の環境問題

宇宙を主題とする市民講座を担当したことがある。そのときよく訊かれた質問は——宇宙人はいますか？——であった。

もちろん、鳩山（元）首相のことではない。時には、その「宇宙人」が〝UFO〟で置き換えられたこともあった。UFOは“unidentified flying object”（＝未確認飛翔体）の頭字語なので、その意味をもってすれば、存在してもなんら不思議はない。

しかし宇宙人となると、ことははるかに複雑だ。まず、それが人類に似たものを指すのか、あるいは、バクテリア類のような初等の生物をもふくめるかだ。答えはそれにより大きく異なる。

わが太陽系は、八体の惑星とそれらの衛星、さらに多数の小天体から構成されている。そのうちの惑星は、組成や大きさから、次の三種に分類される。

まず、内側の四惑星――水星、金星、地球、火星――は主成分が珪酸塩や鉄鉱など岩石からなり、〈地球型惑星〉と総称される。

その外側を回る木星と土星は、質量が地球の百倍ほど、ほとんど水素とヘリウムからなる巨大なガス体で、〈木星型惑星〉とよばれる。さらに、もっとも外側を回る天王星と海王星は、質量が地球の十数倍、氷が主成分で、〈天王星型惑星〉とよばれる。

生命創成のドラマでは、空気（大気）、水（海洋）、それに岩石（地殻）のそれぞれが不可欠の主役を務めると、第8章の【ロッキーライフ】で話した。

だが、先に記した三種の惑星の中で、これら三役をそろえ得るのは地球型のみである。しかも、それら地球型惑星の中で広く地表を覆う海洋をもつのは地球しかない。

というのは、水は一気圧、摂氏〇度以上一〇〇度以下で液相をとるが、地球の表面は一五度の適温、対するに、水星は四三〇度、金星は四八〇度、さらに火星はマイナス五〇度――これらは海洋が安定には形成し得ない表面温度である。

第8章で見たように、地球は四六億年ほど前に生まれたが、初期の五億年間ほどは、表面がつねに小惑星などの爆撃に遭い、生命など発生できる状況にはなかったといわれる。

しかし、その後の数億年で、太陽光エネルギーなどの助けをかりて、数個以上の炭素原子の連鎖構造を中核とするアミノ酸など複合分子群が造成され、それらをさらに多数結合させ、生命体に必須の多糖類・脂質・蛋白質や、自己再生機能を担う核酸（ＤＮＡ）類を形成し、ついにはバクテリア類など初期の生物が誕生したと考えられる。

地球上の岩石に四六億年前、地球形成期の痕跡を残すものはまだ見つかっていない。が、三八―三五億年前のものは発見されており、そのうち三五億年前のものにはバクテリアの化石が確認されている。また、三八億年前の岩石からは生命体の痕跡は見いだされてはいないものの、有機物質の存在を示す化学的なサインは残されているようだ。

地表に出現した生命体は、その後さまざまな進化や変遷の過程を経てきた。そして、その結末として、人類がチンパンジーから偶然にも分化したのは、前にも述べたように、わずか七百万年ほど前のことである。

いうならば、人類の出現には、生命の誕生に加えて、生体のさらなる進化・熟成というデリケートなプロセスを、地球形成以降のほとんど全期ともいえる永劫にわたり累積せねばならなかったのである。

このように考えると、地球以外の宇宙の天体で、人類に似た生物がいる確率は、バクテリアのような生物を見いだす確率に比べると、格段に小さいといえる。

しかし宇宙は広大、その中で私たちは想像を絶する事象を数多く見聞してきた。冒頭の質問に対しても、筆者は「宇宙人がいるとの確証はまったく得られていないが、その可能性はまだ十分残っている」と答えることにしている。

希有の環境——わが地球

先に述べたように、生命の誕生に際しては、太陽光をエネルギー源として、大気の温室効果により、炭水化物が二酸化炭素（CO_2）を取り込み、酸素を放出し、炭素の数がより多い複合分子類に進む光合成の過程を進め、炭素の連鎖を骨格とする生体高分子を熟成させねばならぬ。

地球は半径約六千三百七十キロメートルの球体で、その表面を実効厚み二十キロメートルほどの大気が覆う。大気の組成は重量百分比で窒素七五・六パーセント、酸素二三・一パーセントなどである。

第7章の【温室効果とは】に掲げた図7・1と7・2は、太陽光あるいは地表からの熱放射が、その大気中の種々の分子により、どの波長でどの程度吸収されるかを表し、地球温暖化における二酸化炭素などの温室効果を明らかにした。

太陽光は、その図7・1に示すように、実効（絶対）温度五八〇〇ケルビン、中心波長0.5μm（1μm＝1000nm＝一万分の一センチメートル）の放射スペクトルをもつ。赤から紫にかけての虹の七色（可視光）は、波長にすると0.77–0.38μmの間にあり、それより波長の長い放射を赤外線、短い放射を紫外線という。波長0.5μmの放射は黄緑の可視光にあたり、太陽はそのような可視光のみならず、強力な赤外線や紫外線も地表に注いでいる。

地球のエネルギー収支は経常的にバランスしている。つまり、吸収分は地球が本来の熱放射で放出する。そのバランスからきまる熱放射の実効温度は二八八ケルビン（＝摂氏一五度）、図7・2に示すように、それは中心波長一〇マイクロメートルの赤外線だ。

地表から放出される赤外線は、これもその図7・2が示すように、大気中の水蒸気（H_2O）、二酸化炭素、メタン（CH_4）、亜酸化窒素（N_2O）などにより一部吸収され、その結果、地表からの熱エネルギーの消散が妨げられ、気温を上昇させるという温室効果をもたらす。この温室効果は、二酸化炭素などによる赤外線吸収の帰結であり、また、炭素化合物の光合成を進め、生体高分子の熟成をうながし、生命の誕生と結びつく効果であることに留意しよう。

地表の温度は、太陽からの入射エネルギー、地表からの熱放射、さらに大気のおよぼす温室効果、これら三者間の微妙なバランスにより、生命の誕生に最適とみられる摂氏一五度近傍に維持されてきたのである。

生命の誕生にいたる分子過程が、小惑星などの爆撃や紫外線の照射で壊されやすい、デリケートなプロセスであることは以前に述べた。

だが幸運にも、わが地球の大気は、太陽からの紫外線を遮る、じつに効果的な組成をもつことが、図7・1で読みとれる。というのは、紫外線吸収率が高い酸素や関連のオゾン（O_3）が、大気組成の主成分（四分の一）を占めるからだ。

大気は、太陽系内を浮遊する小天体の爆撃からも、地表を守ってくれる。

たとえば、近年一一月一八日前後に世界を騒がす〈しし座流星群〉は、地球がテンプル・タトル彗星の残した塵埃の中を通過する際に、それらが大気中に突入し燃え尽きた跡である。

とはいえ、大気は実効厚みが二十キロメートルほど、地球のサイズからみると、表面を覆う薄皮にすぎぬ。だから、六千五百万年前、直径十五キロメートルほどの小惑星が、当時は海であったメキシコのユカタン半島にぶつかり、さしも跳梁を極めた恐竜さえも死滅に追いやった、あの衝撃の事件は防げなかった。

しかし、この点でも、わが地球が太陽系内で格別に恵まれた環境にあることを示す事件が起こった。

というのは、太陽系の八惑星の軌道はすべて一枚の円盤上にあり、地球はその外側を周回する百倍もの質量をもつ木星の〝重力場の傘〟で、太陽系外から侵入する外部天体の爆撃から保護されているからである。

図9・1は、一九九四年七月木星に接近中の、数珠繋ぎになった彗星二一片の天体連Shoemaker-Levy 9の画像を示す。この彗星は、その後数日にわたり、毎秒六〇キロメートルの速度で次から次へと木星と衝突した。

八番目に衝突した最大の天体片は二万五千メガトンの重量で、木星の表面から三千キロメートルの噴煙を立ち上げ、地球サイズの八〇パーセントほどの衝突跡を残した（図9・2参照）。

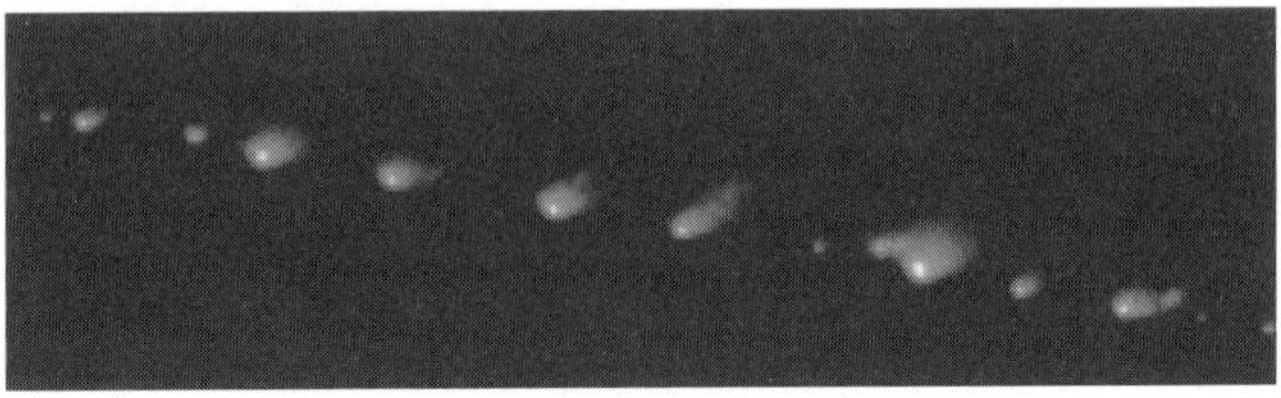

図 9.1　1994 年 7 月，木星に接近中の彗星 Shoemaker-Levy 9 ―天体連の全長は 110 万キロメートルにおよぶ　ⓒNASA/Space Telescope Institute

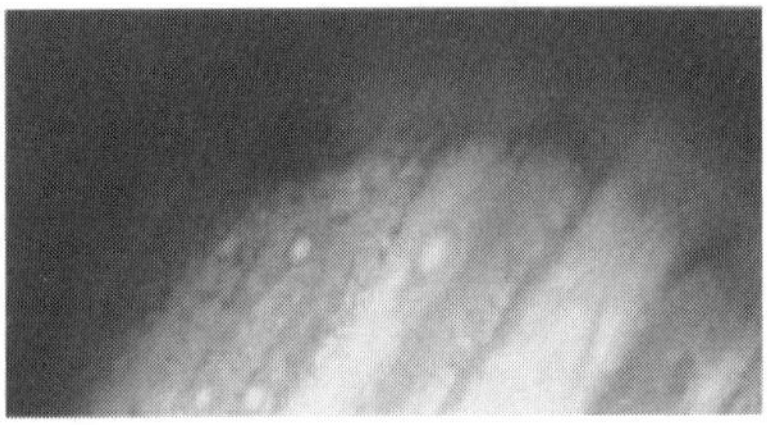

図 9.2　彗星 Shoemaker-Levy 9 の衝突が木星表面に残した傷跡―陰影部のサイズは地球にほぼ等しい　ⓒNASA/Space Telescope Institute

そして、もしその一片でも地球に衝突していれば、人間をふくむ地上の生物の大部分は完全に消滅していたであろうといわれている。

地球を半径一六センチメートルの地球儀モデルに当てはめると、生命誕生の舞台である大気は厚さ〇・五ミリメートルの薄皮、海洋は〇・一ミリメートルの薄膜にすぎぬ。

この微細な地球環境が、広大な宇宙の中で、生命誕生のための不安定な物理化学的条件を、十数億年以上にわたり、微妙なバランスのもとで維持してきたことは、どう考えても奇跡としか思えない。

〝清姫惑星〟——太陽系外惑星の探査

一九九五年、ミッシェル・メイヨールとディディエ・ケロスが、ペガサス座51番星の周りをわずか四・二日で公転する木星質量の天体を発見したと発表した。わが太陽系以外に惑星が存在することが、このときはじめて知らされたのである。

以来観測が進み、二〇一〇年一月の時点で、すでに四二〇体を超える数の太陽系外惑星が発見された。しかし、それらはすべて木星型だ。

生命誕生の可能性が期待される地球型の系外惑星は、まだ一体も見つかっていないのである。

二〇〇一年の暮れに、米コロラド州ボルダーにある国立大気研究センターのシャボノー、ブラウン両博士は、ワシントンのＮＡＳＡで記者会見を開き、こんな話をした。

一五〇光年の彼方、ペガサス座にある太陽型の恒星（HD 204958）——ＨＤ星とよぼう——を木星に似た惑星が回る。宇宙に浮かぶハッブル望遠鏡が捉えた光をスペクトル分析すると、その惑星は摂氏千度を超える高温かつ高密度の気体に包まれ、大気中には痕跡量のナトリウムが検出された。

そして、このような探査を通じて、太陽系外にも生物の住める天体が存在するかどうかを知る鍵が得られそうだとつけ加えた。

二〇〇三年三月、科学誌『ネイチャー』（Vol.422, 143–146（2003））に「太陽系外の惑星HD 204958b の周りに大きく拡がる大気」なる報告が掲載された。

それは、パリ宇宙物理研究所、ヴィタル-マジャー博士ら欧米両航空宇宙局観測チームの成果であり、惑星大気の驚くべき実態を明らかにした。

一九九五年以降二〇〇三年までに、百個以上の惑星が太陽系外で見つかっており、問題の惑星（HD 204958b）――HD惑星とよぼう――は、じつは太陽系外に数個ある熱い木星の一つである。それは、HD星の表面スレスレを周回するので、摂氏千度をも超える高温になる（対するに、わが木星は太陽からはるか遠くを周回するので、表面温度は－136℃＝137 K の極寒だ）。

どれくらいスレスレかって？

HD星の半径は太陽の一・一五倍で百万キロメートル、それに対しHD惑星の軌道半径は六百四十万キロメートル、太陽に一番近い惑星である水星の軌道半径は五千八百万キロメートル、これらの数値を比べるとよくわかる。観測されたＨＤ惑星の公転周期はわずか三日半（ちなみに水星の公転周期は八八日）だ。

恒星からの万有引力と周回運動（公転）のハズミからくる遠心力のつり合いを表すケプラーの法則によると、

——惑星の公転周期の二乗は、惑星の軌道半径の三乗に比例し、恒星と惑星の質量の和に反比例する——

前記の惑星軌道を表すデータと公転速度の観測値、さらに恒星質量の推定値を、その法則に適用すると、惑星の質量がわかり、そこからサイズが推計できる。

その結果、ＨＤ惑星は質量が木星の三分の一（6×10^{26} kg）、また半径が一・三倍（九万三千キロメートル）の巨大なガス塊の木星型惑星とわかった。そして、その元素構成も太陽や木星に似て、質量比七〇パーセント以上の水素と、残り大部分のヘリウムからなるとみてよい。

ここまではまあデジャ・ヴ、さほど驚くにはあたらぬ。

が、ヴィタル-マジャー博士らの報告を読むと、その高温高密の大気がナンと毎秒一万トンという猛烈な割合でHD惑星から逃げ出している！　とある。逃げ出す水素は、彗星の尾のように、惑星半径の二倍以上の二〇万キロメートルにわたり延び拡がるのが観測された。

今後もこの割合で質量損失が続くと、HD惑星は水素とヘリウムの大部分を失い、残された不純物を主体とし、地球の十倍ほどの質量をもつ核心のみを残すことになる。

これがホントなら、わが地球は木星などと元素構成や構造が違うのはなぜか？　を解くヒントが得られるかも！　と思わせるほどである。

これらのデータはどんな観測から得られたのだろう。振り返ってみる。

二〇〇一年九月七—八日、九月一四—一五日、一〇月二〇日の三度、HD惑星が恒星面を横断する際、恒星の発するライマンα線（波長1215.67Åの紫外線）を惑星大気が吸収する割合を、ハッブル望遠鏡に搭載した分光計で測定したのだ。

ライマンα線は水素原子の発するスペクトル線の中ではもっとも強い。前にも話したように、宇宙を構成する元素の大部分は水素だ。だから、いうならば、ライマンα線は天体のスペクトル解析でもっともありふれた対象である。

ライマンα線のこの特徴は、ある意味で諸刃の刃だ。

観測法として技術が確立されている一方、太陽系外はるか彼方にある微細なＨＤ惑星大気中水素からのシグナルは、宇宙に圧倒的に多い他の水素からの雑音で汚染される懸念があるからだ。

筆者は、このＨＤ惑星に〝清姫惑星〟という渾名をつけた。能や歌舞伎にも取り入れられた『道成寺縁起』の安珍清姫伝説では、道成寺の鐘の中にかくれた安珍を、恋にくるった清姫が蛇身と化して（ＨＤ惑星のように）鐘（ＨＤ星）にまきつき、紅蓮の炎を噴くという。伝えられたＨＤ惑星の振舞いは、まさにこの清姫のようと思ったからだ。

いずれにせよ、生命を育む基盤としての惑星やその大気の様相が、新しい視点から明らかになりつつあるのは、嬉しいことである。

ケプラー探査衛星〈六体の新世界〉

この宇宙に、わが地球と同じように、生命体を育んでいる天体があるのだろうか？

そんな天体を見つけるには、どうすればいいのだろうか？

こういった宇宙生物学の基本に関わる課題に取り組むため、ＮＡＳＡは二〇〇九年の三月に地球型の太陽系外惑星を探索する観測衛星ケプラー（Kepler）を打ち上げた。

そして、科学誌『ネイチャー』の二〇一一年二月三日号は、表紙に太陽型の星の周りに六つの惑星状の天体を配し、それに ***SIX NEW WORLDS*** というキャプションをつけ、ケプラー衛星が発見した〈六体の新世界〉を報じた。

本節では、その新世界の位置づけと衛星ミッション今後の課題をとりあげ、考察する。

新世界のデータを眺める前に、まず、わが地球が生命体の誕生にとっていかに特殊な世界であるかを、手短に復習しよう。

生命創成のドラマには、空気（大気）、水（海洋）、それに岩石（地殻）のそれぞれが不可欠の主役をつとめること、また、これら三役をそろえ得るのは、主成分が珪酸塩など岩石からなる〈地球型惑星〉——わが太陽系内では、水星、金星、地球、火星——のみであること、そして、それら地球型惑星の中で広く地表を覆う海洋をもつのは地球しかないことは以前話した。

さらに、生命の創成と熟成のためには、事実上数億年以上の長期にわたり、大気は適当な温度と組成を保ち、海洋は生体に必須の元素類を適温で溶かし、さらに岩石は化学エネルギーによる生命のゆりかごを提供せねばならぬ——このことも認識した。そして、それらの条件を満たす、いわゆる〈生体存在可能領域〉なるものが、太陽系についてはは示されている（図9・3参照）。

では、太陽系外惑星の探査にはどんな方法が用いられているかを次に調べよう。

一般に、惑星は、地球や木星などのように、太陽型の中心星（恒星）から受ける光を反射・吸収し、弱く輝きながら、周回運動を行っている。

その運動にともない、惑星と地球との相対速度が変わり、それにしたがって、地球上で観測する惑星からの放射光の波長が伸び縮みする。だから、その伸縮の度合いを実測することにより、周回運動の詳細がわかり、そのデータをもとに惑星の質量や軌道半径を推定することができる。

この方法はドップラー分光法とよばれる。

前節で引用したケプラーの法則によると、惑星の周回速度の二乗は、恒星と惑星の質量の和に比例し、軌道半径に反比例する。だから、惑星の質量が大きく、軌道半径が小さいほど、周回速度が大きく、したがって、放射光の波長の変化も大きくなるので、有意のデータが得やすい。

一九九九年に、一五〇光年の彼方ペガサス座にある黄色い太陽型恒星（HD 204958：ＨＤ星）を回る木星型の〝清姫惑星〟（HD 204958b：ＨＤ惑星）が発見されたのもこの方法による。前節で話したように、ＨＤ星の半径は百万キロメートル（太陽の一・一五倍）。対するに、ＨＤ惑星の軌道半径は六百四十万キロメートル、水星の軌道半径の九分の一だ。

実測されたＨＤ惑星の公転周期はわずか三日半（水星は八八日）。この公転速度と恒星の質量か

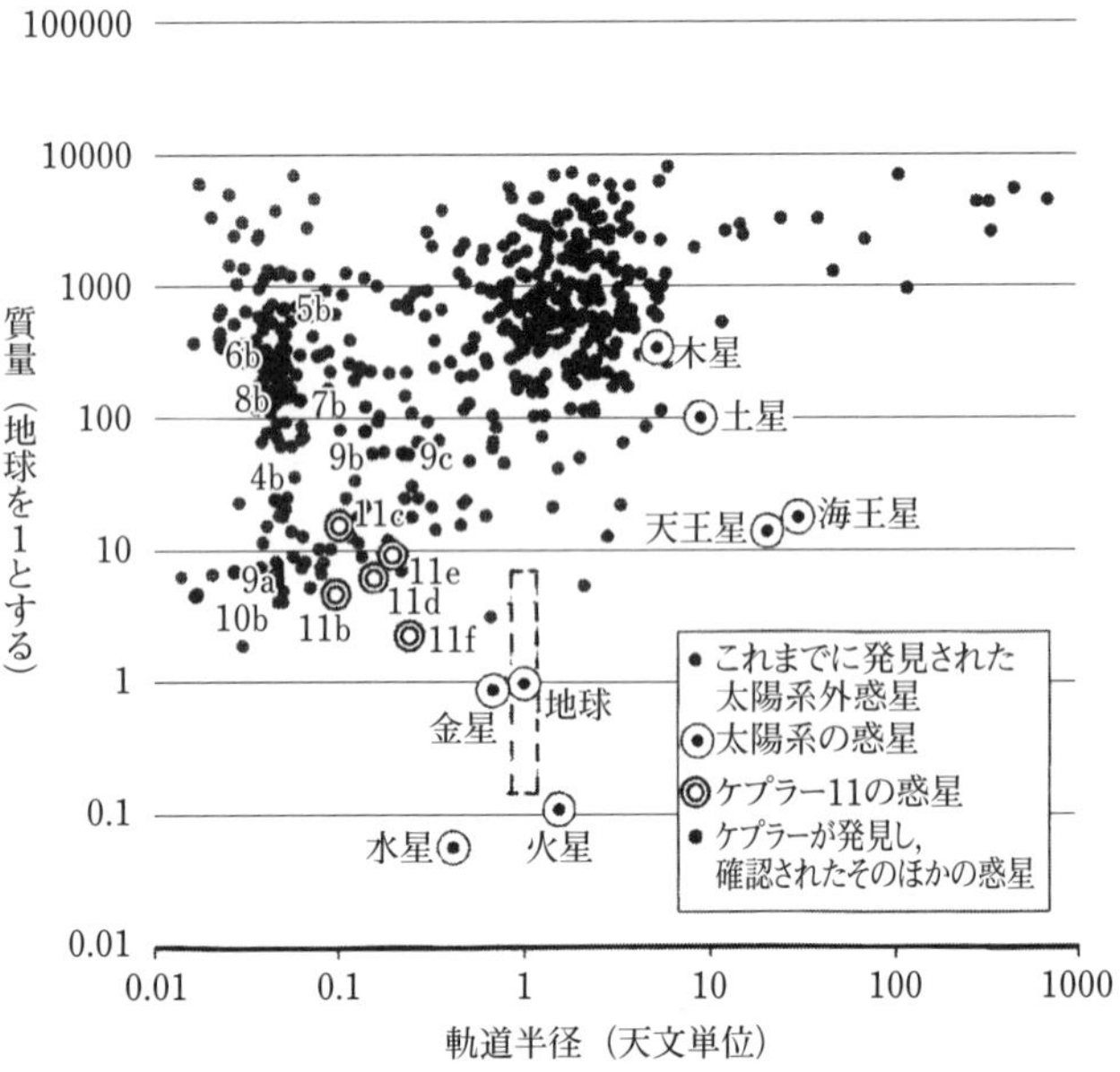

図 9.3　ケプラー11の惑星をふくむ太陽系内外諸惑星の軌道半径（横軸：太陽—地球間距離を1とする対数目盛）と質量（縦軸：地球を1とする対数目盛）．破線内は太陽系内での生体存在可能領域（E. S. Reich, *Nature,* Vol.470, 25（2011）より）

ら、HD惑星は質量が木星の三分の一、半径が一・三倍の巨大な水素やヘリウムのガス塊からなる木星型惑星とわかった。

しかしながら、ドップラー分光法は、そのように、重くて高速で周回する木星型惑星には使えても、軽くて年周期で回る地球型惑星の観測には不向きなのだ。

二〇〇〇年、ケプラー推進母体の一つ、ハーバードスミソニアン天体物理学センターのディヴィド・シャボノーたちは、その代わりに〈通過法〉を用いることを考えた。つまり、惑星が恒星の表面を通過するとき、恒星からの光を部分的に遮るので（いわば、部分蝕）、減光の度合いとその時間変化を測定することにより、惑星のサイズと恒星面通過時間を知ることができるというわけだ。

そして、既知のＨＤ星／ＨＤ惑星系にこの測定法を適用することで、その有効性と精度が確かめられた。

いまや、ケプラーをふくむ多くの太陽系外惑星探査機がこの通過法を用いるようになった。

ケプラーは〇・九五メートル径の宇宙望遠鏡で、天空上で白鳥座と琴座の方角に視野をとり、千八百光年の彼方までの固定空間内にある一五万体の太陽型恒星を、三―四年間にわたり、じっと見続けようという計画だ。

二〇〇九年三月に打ち上げられた後、探査初期のデータは、ＨＤ惑星と同様、高速で周回する巨大な木星型が大部分であった。ところが最近になり、いくつかのデータはサイズがややコンパクトな地球型に近づきはじめた。

そして、件の『ネイチャー』誌が、ケプラー11星を周回する六体の新惑星（Kepler-11b–g）の発見を報じた。観測された公転周期（単位、日）は、それぞれ、10.3, 13.0, 22.7, 32.0, 46.7, 118であった。

図9・3は、それらケプラー11の惑星、その他確認済みのケプラー惑星、これまでに発見された

太陽系外惑星、さらにわが太陽系内惑星について、軌道半径と質量をプロットしたものだ（ただし、六番目の惑星 Kepler-11g は、周期一一八日、軌道半径〇・四六二、質量は三〇〇超と推定されているが、未確の要素もあり、図中には示されていない）。

また、比較のために、太陽系内での生体存在可能領域を図中に破線で示す。

宇宙生物学のはじまりは、生命の創成と熟成をはかる生体存在可能領域としてのきわめて厳しい条件を満たす大気・海洋・地殻のすべてを備える、わが〝地球に似た天体〟を太陽系の外に見つけることにあるといわれる。

しかし、このたびの六体の新世界は、そのいずれもが、そこでいう地球に似た天体とは縁遠い存在とみることができそうだ。

ケプラーミッション今後の課題は次のようだ。

1　わが太陽系を一つの標準模型とみると、地球型惑星の公転周期は数百日のオーダーだ。だから、この周期での公転運動を確認することが、太陽系外の地球型惑星にとっても、大切なポイントとなろう。

ケプラーが「三—四年間にわたり、じっと見続ける……」のはそのためだ。

2　前にも述べたように、通過法は惑星のサイズや通過時間の測定はできるが、その質量を決めることはできない。周回速度の測定値から導き出される質量は総質量（恒星と惑星の質量和）であり、恒星の質量がその総質量の大部分を占めるので、惑星の質量を知るには、地上の望遠鏡などを用いてその恒星の質量を精度よく定めねばならぬからだ。

惑星の質量がわかると、質量密度が推定できるので、それにより、岩石からなる地球型惑星かガス塊からなる木星型惑星かの、より正確な判別が可能となろう。

ケプラー本来のミッションは、視界中にある一五万体のうち、いくつの太陽型恒星が、どんなサイズでどのような周回速度をもつ惑星をいくつともなっているかという統計データを収集することである。この種のデータは太陽系の形成メカニズムを考究するのにきわめて有用だ。

もとより、その余技ともいえる生体存在可能領域をもつ太陽系外惑星のさらなる探査にも、ケプラー衛星今後の期待は大きい。

ケプラーの見いだした〈熱い木星〉と〈スーパー地球〉

NASAが二〇〇九年三月に打ち上げた太陽系外惑星探索衛星ケプラーは、二〇一一年に入り探索数を急増させ、一二月までに、その年の二月までの二倍に相当する、二三二六体に上る系外惑星の観測に成功した（*Nature*, Vol.480, 302（2011））。

図9・4は、横軸に惑星が主星を回る周期（単位、日―対数目盛）、縦軸に惑星の質量（単位、木星の質量―対数目盛）をとり、ケプラーの観測結果をプロットしたもの。見いだされたのは〈熱い木星〉（hot Jupiters）と〈スーパー地球〉（super-Earths）に大別された惑星群で、このいずれもが太陽系を基に推論された惑星形成モデルではとても理解できない、謎の新世界であった。

この図がどのようにして得られたかをまず説明しよう。

前節で、ケプラーは、系外惑星の探査にあたり、惑星が主星の表面を通過する際に生ずる主星の光量の変動から惑星のサイズや通過時間（横軸の惑星周期に対応）を定める通過法を用いるので、総質量（＝主星と惑星の質量和）はわかるが、惑星自体の質量はまだ決められぬと話した。だから、縦軸にプロットされた惑星の質量を決めるには、地上の望遠鏡を用いて惑星の運動に同期した主星の位置のゆらぎをさらに測定し、そのデータを組み合わせて推計したのである。

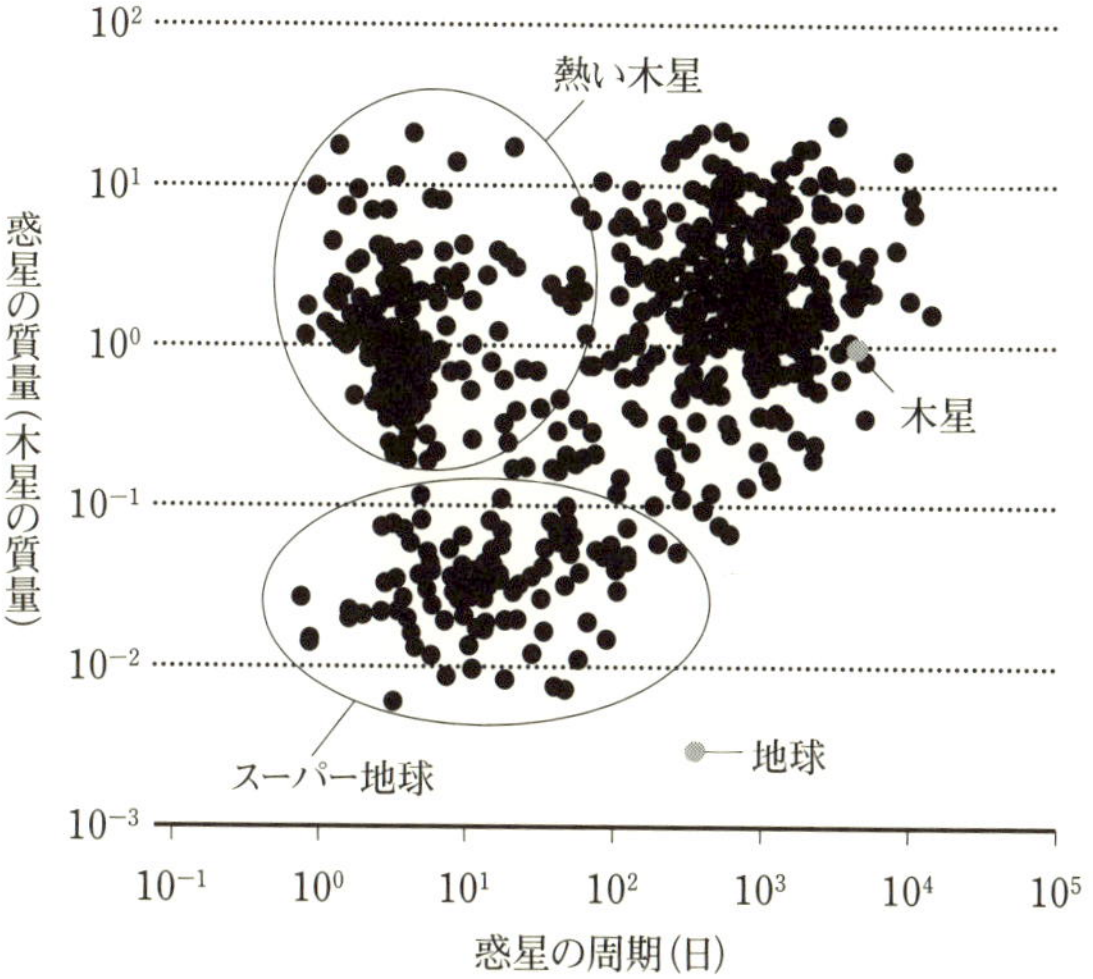

図 9.4　ケプラーが見いだしたさまざまな新世界：〈熱い木星〉と〈スーパー地球〉（E. Hand, *Nature,* Vol.480, 302（2011）より）

わが太陽系を見てやると、四体の地球型惑星と、それと同一円盤上を外側で周回する木星型惑星とは、質量や周期に画然たる違いがあり、そのことは惑星形成に関する一つの模型理論で説明できるとされていた。

その説明というのはこうだ。

惑星系が形成される前、太陽の周りに、あたかも土星の環のように、物質の円盤ができていたとまず考える。太陽に近いところでは円盤の厚みも薄く、そのあたりの物質を集めて原惑星をつくったとしてもその質量は比較的小さく、（万有）引力は弱く、したがってまわりの原惑星を引きつけ合体して大きくなることもかなわず、地球の質量程度を上限とする（地球型）惑星にとどまった。他方、厚い円盤の領域では、つくられた原惑星の質量、さらに引力のおよぶ範囲や強さが大きく、原惑星間の合体・肥大化が頻繁に起こり、地球質量の百倍にもおよぶ（木星型）惑星の形成が可能になった。言い換えると、この模型理論では、惑星の質量や周期の分布に、現在の太陽系惑星に見られるような画然たるギャップが存在すべしというのだ。

ところがこのたびケプラーの見いだした新世界は、図9・4に示すように、このようなギャップの存在を完全に否定する光景をくり広げた。熱い木星どもは、木星ほどの質量をもちながら、相対的に太陽―地球間距離よりも近い距離で主星の周りを周回しており、したがって表面温度も高い。さらに、スーパー地球どもだ。それらは、地球より内側を回っているにもかかわらず、その質量は地球と木星の間の値をとるのだ。

ここで本章の【〝清姫惑星〟】を思い出そう。太陽系外惑星HD 204958b（HD惑星とよぼう）は、一五〇光年の彼方、ペガサス座にある太陽型の恒星（HD 204958）――HD星とよぼう――の表面スレスレを周回するので、摂氏千度をも超える高温が観測されている。

ＨＤ星の半径は太陽の一・一五倍で百万キロメートル、ＨＤ惑星の軌道半径はそのわずか六・四倍の六百四十万キロメートル。軌道半径と公転速度の観測値から、ＨＤ惑星は質量が木星の三分の一（6×10^{26}kg）、また半径が一・三倍（九万三千キロメートル）の巨大なガス塊の木星型惑星とわかった。その元素構成も太陽や木星に似て、質量比七〇パーセント以上の水素と、残り大部分のヘリウムからなるとみてよい。

つまり、この惑星は、件の熱い木星の先がけなのだ。


さらに驚くべきことに、ＨＤ惑星の高温高密の大気がナンと毎秒一万トンという猛烈な割合でＨＤ惑星から逃げ出している！　と報じる。逃げ出す水素は、彗星の尾のように、惑星半径の二倍以上の二〇万キロメートルにわたり延び拡がるのが観測された。だから、もし今後もこの割合で質量損失が続くと、ＨＤ惑星は水素とヘリウムの大部分を失い、残された不純物を主体とし、地球の十倍ほどの質量をもつ核心のみを残すことになる。

これがホントなら、その結末はまさにスーパー地球そのものではないか！

熱い木星どもやスーパー地球どもは、このように、太陽系とは異なる新しい惑星像を、私たちに示してくれた。

しかし、そのいずれもが、宇宙生物学の求める〝地球に似た天体〟と、現状では無縁とみざるを得ないようだ。

ケプラーの見いだした地球サイズのペア惑星

前にも述べたが、宇宙生物学のはじまりは、生命の創成と熟成をはかる生体存在可能領域としてのきわめて厳しい条件を満たす大気・海洋・地殻のすべてを備える、わが地球に似た天体を太陽系の外に見つけることにあるといわれる。

そして、二〇〇九年三月、NASAはそのような系外惑星を探索するための観測衛星ケプラーを打ち上げた。

先の節【ケプラー探査衛星〈六体の新世界〉】は、太陽型の恒星ケプラー11の周りで、太陽−水星間の距離よりさらに近くを周回する、地球の数倍から十数倍の質量をもつ、六体の惑星の観測を報じた。

前の節【ケプラーの見いだした〈熱い木星〉と〈スーパー地球〉】は、二〇一一年の一二月までに観測に成功した二三二六体の系外惑星の中に、木星ほどの質量をもちながら、太陽–地球間より近い距離で主星の周りを周回し、したがって表面温度も高い惑星や、地球より内側を回っているのに、地球と木星の間の質量をもつ惑星が多数ふくまれ、これらはともに、太陽系とは異なる新しい惑星像を提示してくれた。

しかし、上記いずれの新世界も、冒頭にいう〝地球に似た天体〟とは縁遠い代物であった。

このたび、科学誌『ネイチャー』（Vol.482, 195（2012））は「地球サイズの一対」と題するレター論文で、ケプラーの見いだした、さらに異なる新世界を報じた。それは、わが太陽系から約千光年の彼方にある太陽に類似の恒星ケプラー20が、太陽–水星間より近距離で周回する六体の惑星を宿し、その内一対（Kepler-20eとKepler-20f）のサイズは地球とほぼ同等だという。

でも残念ながら、このたびの新世界も、〝地球に似た天体〟とは無縁のようだ。

以下その発見の経緯を振り返ろう。

ケプラーの観測は、前にも述べたように、通過法を用いる。それは、惑星が恒星の表面を通過するとき、恒星からの光を部分的に遮る（いわば、部分蝕）ので、減光の度合いとその時間変化の観測を通じて惑星のサイズと恒星面通過時間を測定できることを利用する。

Kepler-20e と Kepler-20f について、その観測データを図9・5の上と下に示す。縦軸はケプラー20から受けた光束の量、横軸は惑星がケプラー20の表面を通過する際の経過時間を、中央でゼロとし、時間単位で表したもの。データ点の取得は、二〇〇九年五月一三日から二〇一一年三月一四日までほぼ二年間にわたり、各二九・四二六分間、二万九五九五回くり返された。エラーバー付きのデータ点は、三〇分区画の平均値と標準偏差、実線はその平均光量と時間変化を表す。

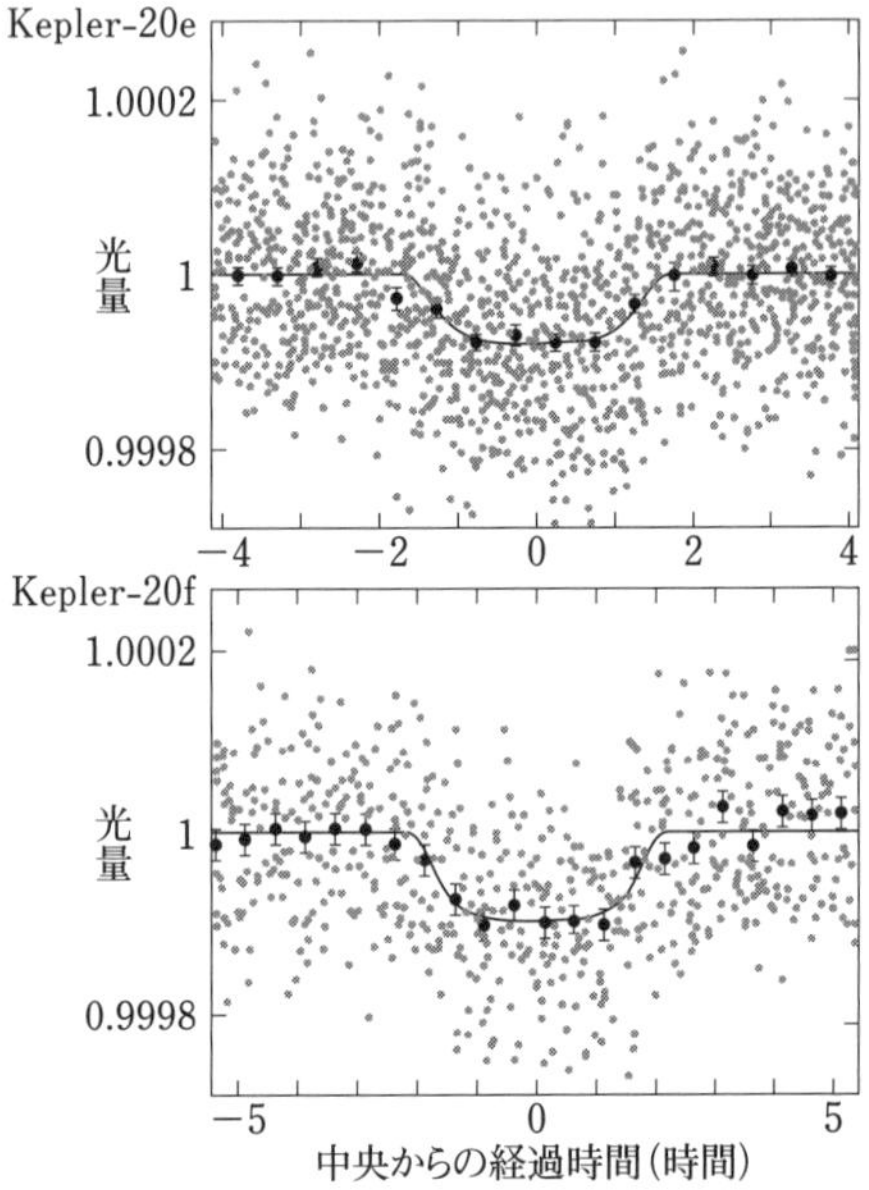

図 9.5　ケプラー－20e（上）とケプラー－20f（下）の観測データ（F. Fressin *et al.*, *Nature*, Vol.482, 195（2012）より）

これらの観測データから推定された両惑星のパラメーターは次表（表9・1）の通りだ。両惑星ともサイズつまり半径が地球とほぼ同じであることは、この表から明らかだ。

表9.1 ケプラー－20eとケプラー－20fのパラメター
（F. Fressin *et al.*, *Nature*, Vol.482, 195（2012）より）

	ケプラー－20e	ケプラー－20f
軌道周期（日）	6.0985	10.577
離心率	＜0.28	＜0.32
惑星の半径／恒星の半径	0.00841	0.01002
惑星の半径／地球の半径	0.868	1.03
惑星の質量／地球の質量	＜3.08	＜14.3
惑星の表面温度（K）	～1,040	～705

しかし、これも以前話したことではあるが、通過法はなるほど惑星のサイズや通過時間は測定できるが、その質量を決めることはできない。

というのも、周回速度の測定値から導き出されるのは総質量（恒星と惑星の質量和）のみだからで、惑星の質量を決めるには、さらに地上の望遠鏡を用いて惑星の周回運動に同期した恒星の位置の（微細な）ゆらぎを測定し、それと組み合わせねばならない。前述の熱い木星やスーパー地球の質量もこのようにして推定された。

ところが、木星と太陽の質量比は約千分の一、対するに地球と太陽の質量比は約百万分の三、上記のゆらぎはその比の小さい後者ではるかに微弱だ。加えて、ケプラー20の場合、太陽‐水星間の距離に六体もの惑星がひしめき合っており、恒星の位置ゆらぎからの個別惑星の質量の推定はさらに厳しくなる。

先の表で示された惑星質量の不確定性はこの原因による。

ともあれ、両惑星とも生体存在可能領域を保てないことは、まず表面温度の推計値から明らかだ。つまり海洋が存在し得ないのである。また、地殻は存在するかもしれないが、必要な組成をもつ大気もまた存在し得ない。

地球（半径六四〇〇キロメートル）を仮に半径一六センチメートルの地球儀で置き換えたとすると、大気（厚さ～二〇キロメートル）はわずか〇・五ミリメートルの薄皮、また海洋（平均深度四キロメートル）はそのさらに五分の一、地球儀上では〇・一ミリメートルの薄膜に過ぎぬ。

しかも、生命の創成と熟成のためには、事実上数億年以上の長期にわたり、大気は適当な温度と組成を保ち、海洋は生体に必須の元素類を適温で溶かし、さらに地殻は化学エネルギーによる生命のゆりかごを提供せねばならない。つまるところ、このようにデリケートな条件のすべてを満たす系外惑星を見つけるのは至難のようではある。

しかし、ケプラー観測衛星は、これまで二年ほどの間に、太陽系の常識を打ち破る、斬新な系外惑星の世界を私たちに啓示してくれた。

宇宙は広大だ。わが銀河系に限っても奥行きは数万光年に達し、またケプラーの視界は天空上の限られた小部分にしか過ぎぬ。

探索事業のさらなる進展による宇宙生物学の大いなる発展へ期待をこめて、この節を結ぶ。

あとがき

本書では、観測にもとづく宇宙論や天体核物理学・プラズマ物理学にまたがる宇宙圏の諸問題から出発し、数十億年にわたる、生命の誕生・進化と環境への適応・熟成の過程を経て、地球上に生成した生物圏に関わるさまざまな問題を、エネルギー科学の観点から論考した。

扱われた課題のすべてが科学上未解明の要素を多くふくみ、将来へのさらなる展開が期待される。

宇宙圏も生物圏も〈複雑系〉の極みである。だから、それらの全容を解明するには、エネルギー科学の観点からのみでは不十分なことは論をまたぬ。

では、さらにどんな観点が？

この難問の回答に資するかどうかは疑問だが、ここでは《真善美》の相克をふまえ、――明晰さ、価値観、象徴力――をとりあげ、考えてみよう。

人間の理想としての普遍妥当な価値として、認識上の〈真〉、倫理上の〈善〉、審美上の〈美〉をまとめ《真善美》という。科学の分野では、自然科学は真に関わり、社会科学は善をあつかい、人文科学は美をつかさどると、おおまかに仕分けすることができよう。

そして、明晰さとあいまいさの相克は、そのいずれにおいても深刻な問題を提起しているように思われる。

例として、地球温暖化の問題をとりあげよう。

自然科学の見地からすると、それはエネルギーの環流問題に他ならぬ。つまり、太陽から入射する光のエネルギー、地球の放射する熱エネルギー、それに化石燃料の使用で発生する熱エネルギーと二酸化炭素、それらすべてが地球環境をどのように変成させるかという問題だ。

ここでの基本量エネルギーは、物理学でいう保存量であり、あいまいさがきわめて少なく、明晰な概念である。

地球温暖化は社会科学上の問題でもある。経済上、政治上、さらには安全保障上の問題であるという人もいる。

その分野での基本量は〈価値〉という、あいまいさを多分にふくむ量である。

本文でも述べたが、地球温暖化の舞台、人類をふくむ地球上の生物の生育環境を形成する生物圏とは、植物と岩石、菌類と土壌、動物と海洋、微生物類と大気が、互いに影響を及ぼし合い、絡み合い、織りなし合った大系である。そこでは、物質とエネルギーが地球規模で循環して、生物学的な活動が維持されている。

生物圏は、科学の立場からみて、もっとも複雑なエネルギーシステムといえる。そして、地球生態環境学はまだ新しく、未発達の分野だ。だから、何が事実かについてさえ、専門家の間で意見が分かれる。そして、その食い違いの根には、価値観に関するより深刻な意見の食い違いがある。単純化すれば、それは自然中心主義者と人間中心主義者の価値観の相違といえる。そして同じように単純化した認識では、それは真と善の相克とみることができよう。

自然中心主義者は自然がすべてを心得ていると信じる。物事の自然な秩序への敬意こそが彼らにとっての最高の価値である。人間が自然環境を踏みにじる行為はすべて悪だ。

人間中心主義者は人間が自然に不可欠の一部だと信じている。人間はその知性で生物圏の進化の過程を左右する鍵を握り、人間と生物圏が共存共栄できるよう自然を再編成する権利をもつとさえ考える。

そして美の出番は、人間と自然の知的な共存を求め、自然中心主義的価値観と人間中心主義的価値観の調和をはかることにありそうだ。人間の「生物圏を維持する重責を果たす能力」が試されるのは、私たち人間の今後の行動にかかっている。

明晰さとあいまいさの相克は、自然科学自体の展開にも微妙な影響をあたえる。

十年あまり前、クォーク理論でノーベル賞をもらったマレー・ゲルマン博士が、米コロラド州のアスペンで、一般市民向けに〈超弦理論〉の講話をしたことがある。それは、宇宙の現象に適用される相対性理論と、物質のあり方を根元から解き明かす素粒子論を統合し、万物の理論を導こうとする考えだ。

彼はその講演を次の言葉で結んだ。「私はこの考えをおし進めれば万物の理論に至るものと信ずる。私がそう信ずる根拠は超弦理論のもつエレガンスにある」と。

講演後の質疑に入った。年配のエレガントな女性が立ちあがった。「物理学は物理量で記述される学問です。あなたは超弦理論が真実を伝える証拠としてエレガンスをあげられました。ではそのエレガンスをどのように物理量で表すのですか?」

これは、物理学が指向する真の次元に、エレガンスが属する美の要素を、いかに組み込むかという、すごい問いかけだ。真と美（さらに、善）の調和は、科学における永遠の課題かも知れぬ。

十数年前、東京で《複雑系科学の国際シンポジウム》が開催され、当時の東京大学総長有馬朗人博士が組織委員長、わたしは組織と運営を手伝った。

複雑系とは、八〇年代後半から、米国サンタフェ研究所などで進められている研究領域であり、生命の発生と進化、生体の遺伝や免疫のしくみ、人間の知性と頭脳のはたらき、ソ連邦の崩壊などに例示される政治・経済的な社会構造の急変など、未来指向の課題を多くふくんでいる。

申すまでもなく、生態系・環境の諸問題も、複雑系科学の重要課題である。


物理学など自然科学の対象として複雑系をあつかう場合、「複雑さの定量化」が議論の対象になる。件のシンポジウムでも、ある講師が――生命・知性・環境など複雑な現象を解析するには、高速大容量の計算機を用いて、膨大な量の情報を処理しなければならぬ……――と語った。

講演が終わり、司会の有馬が聴衆からの質問をうながした。誰も手をあげないので、ややあってわたしが皮切りにたずねた。

「系の複雑さを表す量として、計算機プログラムの言語で書いた場合の長さ――ビット数――を挙げられました。ところで、ご承知のように、日本文学には俳句という詩型があり、わずか一七文字で小宇宙を彷彿させます。どうお考えでしょうか?」

有馬は高名な俳人である。

そのシンポジウムに出席され、いまは故人となられた多田富雄は〈象徴力〉をとりあげ、――俳句、和歌は、事実の記載ではなく、たった一言で世界を表現しました。日本の芸術は、この象徴力のおかげで世界が尊敬するユニークな美をつくり出したのです……――と話された。多田は免疫学の泰斗で、能楽にも造詣が深い。

象徴力は認知の問題とも考えられる。蕪村の句、

遅き日のつもりて遠き昔かな

の詠嘆。それは時間の遠い彼岸における、心の故郷に対する追憶であり、春の長閑な日和の中で、夢見心地に聴く子守唄の思い出であると、萩原朔太郎は観照する。

幾ギガバイトの計算機言語を費やしても、この句の示す懐旧と郷愁の詠嘆を表現するのは至難の業ではなかろうか。

いまは計算機による明晰な数値的表現をその基礎とする複雑系の科学も、近い将来には、社会科学における価値観の問題や、文学・芸術における象徴力の問題とも、正面きって取り組まねばならなくなるだろう――これがそのシンポジウムでの私たち多くの認識であった。

宇宙圏から生物圏さらには人智圏へ、より広い科学の視点に立脚した、さらなる知見の深化を期し、本書のむすびとする。

索　引

サ　行

タ　行

ナ　行

ハ　行

マ　行

ヤ　行

ラ 行

エネルギーの単位について

科学が取り扱うさまざまな物理量の基礎次元は，長さ，質量（重さ），時間である．その基本単位として，センチメートル（cm $= 10^{-2}$m），グラム（g），秒（s）を採るとき，それを〈cgs 単位系〉という．

エネルギーはこれら基礎次元から誘導される物理量で，［質量］×［長さ］^{2}/［時間］^{2} の次元をもつ．

エネルギーの単位としてもっとも広く用いられているのが，ジュール（J）である．1 J は cgs 単位系で表したエネルギー（＝ erg：エルグ）の1千万倍，カロリー（cal）の約 0.239 倍だ．ちなみに，速さ $v = 1$ cm/s で動く，質量 $m = 1$ g の物体の運動エネルギー $E_K = (1/2)mv^2$ は 0.5 エルグ，また1カロリーとは，1気圧下で1gの純水の温度を摂氏 14.5 度から 15.5 度に高めるのに要する熱量のことをいう．

物理学でしばしば用いられるエネルギーの単位に，電子ボルト（eV）がある．1電子ボルトとは，電位差1ボルトの2点間を動いた電子の得るエネルギーで，式で書くと，

$$1\ \mathrm{eV} = 1.602177 \times 10^{-19}\ \mathrm{J}$$

となる．

ボルツマン定数（$k = 1.3806 \times 10^{-23}$J/度）を用いて，絶対温度 T（度）の気体中の1分子あたりの平均運動エネルギー $\bar{E}$ を，

$$\bar{E} = kT$$

と評価することができる．この換算法を用いると，1 eV は約1万度に相当することがわかる．

光量子説によると，周波数 f（Hz：ヘルツ）の電磁波の光子1個あたりのエネルギー E_{ph} は，プランク定数（$h = 6.626 \times 10^{-34}$Js）を用いて，

$$E_{\mathrm{ph}} = hf$$

と表すことができる．また周波数と波長λ（cm）の間には，真空中の光速c（$= 2.9979 \times 10^{10}$cm/s）を用いて，

$$\lambda = c/f$$

の関係が成り立つ．たとえば，黄色の可視光（$\lambda = 5.9 \times 10^{-5}$cm）のエネルギーは2.1 eV，また波長1 Åの電磁波（X線）のエネルギーは12.4 keVとなる．

電気量など実務に直結するエネルギーの単位に，ワット時（Wh）がある．1ワットの電力を1時間使用したときのエネルギー量で，1 W = 1 J/sなので，1 Wh = 3.6×10^3 Jである．

著者略歴

1935 年　大阪に生まれる
1958 年　東京大学工学部卒業（電気工学科）
1962 年　米国イリノイ大学博士課程修了（Ph. D.）
1964 年　東京大学工学部 助教授（原子力工学科）
1968 年　米国イリノイ大学 准教授（物理学科）
1969 年　米国プリンストン高等研究所 研究員
1984 年　東京大学理学部 教授（物理学科）
1989 年　米国カリフォルニア大学サンディエゴ校 客員教授（物理・天文学科）
1995 年　フンボルト賞（ドイツ フンボルト財団）
1996 年　ドイツ マックスプランク量子光学研究所 客員教授
現　在　東京大学名誉教授（理学部）—— 1995 年より

主要著書

Basic Principles of Plasma Physics : A Statistical Approach
（W.A. Benjamin, Reading, MA, 1973）
『プラズマの物理：物理学の廻廊』（産業図書，1981）など

エネルギーの科学　宇宙圏から生物圏へ

2012 年 7 月 20 日　初　版

［検印廃止］

著　者　一丸節夫《いちまるせつお》

発行所　財団法人　東京大学出版会

代 表 者　渡辺　浩
113-8654 東京都文京区本郷 7-3-1 東大構内
http://www.utp.or.jp/
電話　03-3811-8814　Fax　03-3812-6958
振替　00160-6-59964

印刷所　株式会社暁印刷
製本所　矢嶋製本株式会社

ISBN 978-4-13-063356-7　Printed in Japan